mathematik-abc für das Lehramt

Klaus Menzel

Algorithmen

mathematik-abc für das Lehramt

Herausgegeben von

Prof. Dr. Stefan Deschauer, Dresden
Prof. Dr. Klaus Menzel, Schwäbisch Gmünd
Prof. Dr. Kurt Peter Müller, Karlsruhe

Die Mathematik-**ABC**-Reihe besteht aus thematisch in sich abgeschlossenen Einzelbänden zu den drei Schwerpunkten:

Algebra und Analysis
Bilder und Geometrie
Computer und Anwendungen.

In diesen drei Bereichen werden Standardthemen der mathematischen Grundbildung gut verständlich behandelt, wobei Zielsetzung, Methoden und Schulbezug des behandelten Themas im Vordergrund der Darstellung stehen.
Die einzelnen Bände sind nach einem „Zwei-Seiten-Konzept" aufgebaut:
Der fachliche Inhalt wird fortlaufend auf den linken Seiten dargestellt, auf den gegenüberliegenden rechten Seiten finden sich im Sinne des „learning by doing" jeweils zugehörige Beispiele, Aufgaben, stoffliche Ergänzungen und Ausblicke.
Die Beschränkung auf die wesentlichen fachlichen Inhalte und die Erläuterungen anhand von Beispielen und Aufgaben erleichtern es dem Leser, sich auch im Selbststudium neue Inhalte anzueignen oder sich zur Prüfungsvorbereitung konzentriert mit dem notwendigen Rüstzeug zu versehen. Aufgrund ihrer Schulrelevanz eignet sich die Reihe auch zur Lehrerweiterbildung.

Klaus Menzel

Algorithmen

Vom Problem zum Programm

2., überarbeitete und erweiterte Auflage

Teubner

Bibliografische Information der Deutschen Bibliothek
Die Deutsche Bibliothek verzeichnet diese Publikation in der Deutschen Nationalbibliografie; detaillierte bibliografische Daten sind im Internet über <http://dnb.ddb.de> abrufbar.

Prof. Dr. rer. nat. Klaus Menzel
Geboren 1935 in Chemnitz. Studium Mathematik und Physik von 1953 bis 1958 an der Humboldt-Universität zu Berlin. Diplom in Mathematik. Von 1959 bis 1961 Tätigkeit im Funkwerk Berlin-Köpenick. Von 1961 bis 1972 wiss. Mitarbeiter, wiss. Assistent, Akademischer Rat/Oberrat am Institut für Angewandte Mathematik der Albert-Ludwigs-Universität Freiburg i. Br. 1968 Promotion zum Dr. rer. nat., 1972 Berufung zum Dozenten an der Pädagogischen Hochschule Schwäbisch Gmünd. 1973 Ernennung zum Professor für Mathematik und ihre Didaktik. Eintritt in den Ruhestand 1997.

1. Auflage 1997
2., überarbeitete und erweiterte Auflage Mai 2005

Lektorat: Jürgen Weiß

Der B. G. Teubner Verlag ist ein Unternehmen von Springer Science+Business Media.
www.teubner.de

Umschlaggestaltung: Ulrike Weigel, www.CorporateDesignGroup.de
Gedruckt auf säurefreiem und chlorfrei gebleichtem Papier.

ISBN-13: 978-3-519-21162-4 e-ISBN-13: 978-3-322-80151-7
DOI: 10.1007/978-3-322-80151-7

Vorwort zur zweiten Auflage

Der Grund für diese zweite Auflage ist nicht etwa die umstrittene Rechtschreibreform. Der mathematische Inhalt ist auch nicht neu. In der Mathematik besteht bezüglich der Inhalte und der Methoden bekanntlich eine große Konstanz – anders als in Informatik und Datenverarbeitung. Und hier liegt der Grund für diese Neubearbeitung: Es wird als Programmiersprache *Visual*-BASIC verwendet. Diese BASIC-Version hat gegenüber *Quick*-BASIC inzwischen nicht nur eine weite Verbreitung gefunden. Sie bringt auch recht große praktische Vorteile im Zusammenspiel mit dem Tabellenkalkulationssystem EXCEL. *Visual*-BASIC steht mit dem heute auch an deutschen Schulen am häufigsten verwendeten Kalkulationssystem ohne weitere Kosten zur Verfügung.

Das praktische Grundprinzip eines Einsatzes von *Visual*-BASIC besteht im Folgenden: Je ein EXCEL-Tabellenblatt wird als Eingabe- und Ausgabemedium eines Programms eingesetzt. Eine solche Tabelle ist bekanntlich aus Zeilen und Spalten gebildet. Jede der so gebildeten Zellen wird durch Angabe einer Spalte und einer Zeile definiert, wie man es aus dem bekannten Spiel *Schiffe versenken* kennt.

Jedem EXCEL-Tabellenblatt kann ein *Visual*-BASIC-Programm zugeordnet werden, das auf Zellen der Tabelle als Eingabewerte zugreifen und Ergebnisse des Programms in Ergebniszellen schreiben kann. Zusätzlich können in weiteren Zellen der Tabelle Texte als Beschriftungen oder Erläuterungen eingesetzt werden. Der Leser wird die Vorzüge dieses Vorgehens an den angegebenen Beispielen selbst nachvollziehen können.

Es besteht die Möglichkeit, alle in *Visual*-BASIC umgesetzten Algorithmen per Email beim Verfasser anzufordern und mit den zugehörigen EXCEL-Tabellen als Gesamtdatei zu erhalten. Email-Adresse: klaus.menzel@t-online.de
Da dieses Tabellenkalkulationssystem einzeln oder im MS-Office weit verbreitet ist, können die Programme/Tabellen auch direkt im Schulunterricht verwendet werden.

Die öffentliche Debatte um die Schule dreht sich heutzutage um solche Stichworte wie *TIMMS-, PISA-, OECD*-Studie u. ä. Die Ergebnisse dieser international vergleichenden Studien bestätigen vielfach die bekannten (Vor-)Urteile über unser Bildungswesen. Man muss ja nicht gleich so weit gehen, das dreigliedrige föderale deutsche Schulsystem für ein kleinstaatliches und vordemokratisches Relikt zu halten, gegen das vor 100 Jahren schon Felix Klein recht erfolglos angekämpft haben soll.

Den aktiv Beteiligten, also Lehrenden und Lernenden, nützt das andauernde Wehklagen über den IST-Zustand der Schule ziemlich wenig. Die im Unterricht Handelnden haben ja bekanntlich auf die äußeren Bedingungen des Unterrichts kaum Einfluss.

Es bleibt aber seit Felix Klein dabei:
Es kommt auf einen g u t e n (Mathematik-)Unterricht an!

Für die präzise Durchsicht und die Mithilfe insbesondere beim Drucklayout danke ich wieder meiner Tochter Evamarie.

Schwäbisch Gmünd, März 2005 — Klaus Menzel

Auszug aus dem Vorwort der ersten Auflage

Der Leser bzw. die Leserin stelle sich unter einem Algorithmus in naiver Weise eine Handlungsanweisung vor, die in endlich vielen Schritten von einem Anfangszustand aus zu genau einem Endzustand führt. In diesem Sinne ist die praktische Mathematik stets algorithmische Mathematik. Immer dann, wenn etwas konkret berechnet wird, läuft ein Algorithmus ab. Das ist bereits bei den allereinfachsten Grundrechenaufgaben jenseits des bloßen Kopfrechnens der Fall, also etwa bei der schriftlichen Addition mehrstelliger Zahlen.

Auch in unserem täglichen Leben außerhalb mathematischer Aufgaben geht es hochgradig algorithmisch zu. Autofahren, Telefonieren oder Zähneputzen etwa kann man in einem verallgemeinerten Sinne als „algorithmische" Verfahren erkennen. In all diesen Fällen werden feste Ablaufregeln zu einem praktischen Zweck in einzelnen Schritten angewendet. Diese Abläufe müssen in jedem Fall gelernt werden, bevor sie erfolgreich und fehlerfrei angewendet werden können.

Solange man sich im Fach Mathematik mit Existenz- und Eindeutigkeitsaussagen und den Beweisen mathematischer Sätze und Strukturen beschäftigt, tritt der Begriff des Algorithmus meist gar nicht auf. Da sich die Mathematik als wissenschaftliche Theorie vorrangig mit strukturellen Fragen beschäftigt, stehen auch die akademische Lehre und das akademische Studium in der ständigen Gefahr einer starken Unterentwicklung des algorithmischen Denkens.

Der hehre Anspruch, Schülern und Schülerinnen aller Schularten Mathematik als eine Denkweise zu vermitteln, soll nicht in Frage gestellt werden. Es kann jedoch nicht übersehen werden, dass die Schulbildung im Fach Mathematik zunehmend weder dem fachbezogenen Anspruch noch dem einer fehlerfreien Beherrschung der elementaren Grundfertigkeiten des Rechnens, mindestens bis zur Prozentrechnung, nachkommt.

Ein Teil dieses offensichtlichen Defizits geht nach Auffassung des Autors auf eine Vernachlässigung des algorithmischen Ansatzes in der Schulmathematik zurück, die sich fast zwangsläufig aus einer Vernachlässigung im Mathematikstudium ergibt. So hat das schultypische Sachrechnen im und außerhalb des Mathematikunterrichtes eine durchweg algorithmische Struktur. Die Didaktik des Sachrechnens nimmt die Konsequenzen eines adäquaten Computereinsatzes dagegen nur am Rande zur Kenntnis.

Dieser Band versucht nun, den algorithmischen Ansatz innerhalb der Mathematik mit einem Bezug zu schulnahen Inhalten darzustellen. Es kann jedoch nicht ausbleiben, dass dabei Anleihen in der Informatik gemacht werden. Das liegt nicht nur daran, dass die formalen Hilfsmittel der Mathematik nicht ausreichen, Algorithmen ganz exakt zu beschreiben. Der praktische Einsatz von Algorithmen findet überwiegend mit einem Programm auf einem Computer statt.

Für die sorgfältige Durchsicht und die Mithilfe danke ich meiner Tochter Evamarie.

Schwäbisch Gmünd, August 1997 Klaus Menzel

Inhaltsverzeichnis

Inhaltsverzeichnis (Fortsetzung)

In diesem Band verwendete Bezeichnungsweisen

- Die behandelten *Probleme* sind in jedem der 4 Kapitel durchnummeriert: Problem 2.3 ist somit das 3. Problem im 2. Kapitel.
- Der zu einem Problem gehörende *Algorithmus* wird stets entsprechend der Problemnummer bezeichnet: Algorithmus 2.3 gehört also zum Problem 2.3. Verschiedene Formen eines Algorithmus werden durch eine in Klammern nachgestellte Nummerierung unterschieden: Algorithmus 2.6 (1) als dessen 1.Version und Algorithmus 2.6 (2) als 2.Version des Algorithmus 2.6.
- Ein zu einem Algorithmus gehörendes *Programm* wird stets entsprechend der Algorithmus- und damit auch der Problemnummer bezeichnet: Somit gehört Programm 2.3 zum Algorithmus 2.3.
- Verschiedene Formen eines Programms werden durch eine in Klammern gesetzte Nummer unterschieden: Programm 2.6 (1), Programm 2.6 (2). Die *Programmhinweise* werden entsprechend der Programm- und damit auch der Algorithmus- und der Problemnummer bezeichnet.
- Anwendungsbeispiele zu Algorithmen und zu Programmen werden in einer Tabellenform als Test angegeben und durch eine Nummer identifiziert: Somit gehört Test 2.6 (1) entweder zum Algorithmus 2.6 (1) als der ersten Version von Algorithmus 2.6 oder aber zum Programm 2.6 (1) als der ersten Programm-Version von Algorithmus 2.6.
- Statt des klassischen Divisionszeichens : wird häufiger der Schrägstrich / verwendet: also a / b statt a : b. Die Schreibweise / entspricht insbesondere dem Divisionszeichen in den Programmiersprachen.
- Statt des Malpunktes wird in den Programmen immer * (Stern) verwendet: also a * b statt a · b. Anders als in der ersten Auflage wird hier durchweg das Dezimalkomma statt des angelsächsischen Dezimalpunktes verwendet.

1 Einführung

1.1 Was ist ein Algorithmus?

Wir orientieren uns zunächst an einigen Beispielen aus der Mathematik. Dort begegnen uns Algorithmen auf Schritt und Tritt. Ob wir den größten gemeinsamen Teiler zweier natürlicher Zahlen, die Lösung eines linearen Gleichungssystems oder eine rationale Näherung für eine Quadratwurzel ermitteln wollen, stets ist ein Algorithmus im Spiel. Selbst die Multiplikation zweier Dezimalzahlen oder die Bestimmung des Maximums von n rationalen Zahlen setzt eine algorithmische Vorgehensweise voraus.

Was ist allen Beispielen gemeinsam?

1. Es liegt ein allgemeines Problem vor.

Beispiele: Größter gemeinsamer Teiler zweier natürlicher Zahlen, lineares Gleichungssystem von je n Gleichungen für m Variable, Multiplikation zweier Dezimalzahlen, Maximum oder Minimum von je n rationalen Zahlen.

2. Es gibt (mindestens) eine Lösungsvorschrift in Einzelschritten.

Beispiele: Euklidischer Algorithmus, Gaußscher Algorithmus, Verfahren schriftlicher Multiplikation, Maximum-Algorithmus.

3. Die Lösungsvorschrift lässt sich in jedem zulässigen Einzelfall ausführen.

Beispiele: ggT(18, 84); $3x + 4y = 5$, $6x + 8y = 0$; $0{,}17 \cdot 3{,}52$; Max(3, 9, 1, 7).

4. Man erhält in jedem Fall ein konkretes Ergebnis durch eine schrittweise Anwendung der Lösungsvorschrift auf die vorgegebenen zulässigen Werte (Daten).

Lösungen der obigen Beispiele: 6; $L = \varnothing$; 0,5984; 9.

Zusammenfassung: Als Algorithmus lässt sich jede praktische Möglichkeit auffassen, ein allgemeines Problem für jeden Einzelfall durch die schrittweise Anwendung einer Lösungsvorschrift mit einem konkreten Ergebnis zu lösen.

So einleuchtend diese Formulierung klingen mag, so wirft sie doch weitere Fragen auf. Es lohnt sich nicht, die wenig exakte Formulierung zu verfeinern oder zu präzisieren, da wir auf diese Weise einer Definition im mathematischen Sinne nicht näher kommen würden. Die mathematische Definition des Algorithmusbegriffs bleibt prinzipiell unmöglich, wenn wir einen Beweis verlangen, dass unter diese Definition auch alle bisherigen Algorithmen im intuitiven Sinne fallen.

Eine Präzisierung des Algorithmusbegriffs wird erst notwendig, wenn man zeigen will, dass es konkrete Probleme gibt, die in einem präzisen Sinne algorithmisch nicht lösbar sind. Daher sind solche Präzisierungen im Sinne einer mathematisch exakten Definition auf verschiedenen Wegen gemacht worden. Sie haben sich bisher alle als äquivalent erwiesen. Man glaubt deshalb an die (unbeweisbare) These von Church, dass der präzise Algorithmusbegriff mit dem intuitiven vollständig übereinstimmt.

Für unser Vorgehen ist diese Lücke jedoch unerheblich, weil man beim praktischen Umgang mit einem Algorithmus und dessen Umsetzung in ein Computerprogramm ohne eine formale mathematische Definition des Algorithmusbegriffs auskommt.

1.2 Zielsetzung

Unser Ziel ist eine möglichst *einheitliche* Darstellung von Algorithmen, so dass eine Umsetzung (Übersetzung) in ein Computerprogramm auf einfache Weise durchführbar wird. Dazu wollen wir uns nicht zu lange bei der Beschreibung der Eigenschaften von Algorithmen aufhalten, sondern das Vorgehen zuerst an zwei einführenden Beispielen behandeln. Soweit dabei wichtige Eigenschaften von Algorithmen verwendet werden, sollen sie dort genannt werden.

Die inhaltliche Darstellung des Algorithmus geschieht mittels einer Lösungsvorschrift für die Behandlung einer Klasse von Aufgaben. Als notwendige Voraussetzung wird man die Korrektheit der Vorschrift im mathematischen Sinne verlangen. Sie muss also fehlerfrei sein. Da wir verlangen, dass die Lösungsvorschrift in jedem zulässigen Einzelfall anwendbar sein soll, müssen wir ihre Vollständigkeit in dem Sinne verlangen, dass jeder zulässige Einzelfall von der Vorschrift erfasst wird und zu einem eindeutigen Ergebnis führt.

Während man Korrektheit und Vollständigkeit eines Algorithmus in einem absoluten Sinne fordern kann, ist die Forderung nach der Ausführbarkeit nur noch in einem relativen Sinne möglich. Wenn eine Lösungsvorschrift praktisch angewendet werden soll, so muss sie von dem, der sie anwenden soll, erstens überhaupt und zweitens auch zweifelsfrei ausgeführt werden können. Das hängt aber offenbar von den Fähigkeiten des Ausführenden bzw. des zugehörigen Programms ab.

Hier müssen wir eine beachtliche Spannweite in Kauf nehmen. Sehen wir einmal von den verschiedenen Fähigkeiten einzelner Menschen ab, so wird ein Unterschied in der Ausführbarkeit eines Algorithmus durch einen mathematisch vorgebildeten Menschen oder eine Rechenanlage zu machen sein.

So wenig eine Maschine etwa den Euklidischen Algorithmus in seiner mathematischen Standardformulierung ausführen kann, gelingt dem Menschen die Ausführung eines Algorithmus, der in der internen Sprache einer Maschine formuliert ist, da sich diese Sprache auf spezielle Bestandteile der Maschine bezieht. Der Ausweg besteht darin, dass man für die Formulierung von Algorithmen unterschiedliche Anforderungen an deren Ausführbarkeit zulässt.

Gerade in der Mathematik begegnen wir sehr unterschiedlichen Anforderungen an die Ausführbarkeit von Algorithmen, etwa von der Addition zweier natürlicher Zahlen bis zur Differentiation oder Integration von Funktionen. Dem steht eine sehr einheitliche Sprech- und Bezeichnungsweise der Mathematik gegenüber, die es erlaubt, dass sich die Mathematiker unabhängig von ihrer Muttersprache sehr gut über ihre Probleme und theoretischen Ergebnisse verständigen können.

Soll ein Problem mit einem Algorithmus jedoch auf einer Rechenanlage gelöst werden, so reicht die einheitliche Sprech- und Bezeichnungsweise der Mathematik nicht aus. Das liegt daran, dass elektronische Rechenanlagen (bis auf ganz spezielle Ausnahmen) ein universelles Arbeitsprinzip haben. Eine Rechenanlage soll nicht etwa spezielle Algorithmen eines bestimmten Anwendungsgebietes lösen, sondern ganz allgemein einsetzbar sein. Dazu genügt es überraschenderweise, sie nur mit wenigen elementaren Grundfähigkeiten auszustatten.

Umsetzung (Übersetzung) eines Algorithmus auf eine Rechenanlage

Jeder Grundfähigkeit einer Rechenanlage entspricht eine elementare Grundoperation in der Ausführung eines Algorithmus. Ein Algorithmus ist bei seiner Ausführung auf einer Rechenanlage dann eine Abfolge von elementaren Grundoperationen der Rechenanlage. Das Problem besteht darin, einen Algorithmus aus solchen Grundfähigkeiten eines Rechners aufzubauen. In den Anfängen der Datenverarbeitung musste dies noch in einer Darstellung geschehen, die auf jede einzelne Rechenanlage speziell zugeschnitten war (maschinenorientierte Programmiersprachen).

Heute ist die Programmierung eines Algorithmus von einer einzelnen Rechenanlage völlig unabhängig. Es wurden damit universelle Darstellungen für Algorithmen und allgemeine Anforderungen für deren Ausführbarkeit möglich. Es ist eine wesentliche Aufgabe der Informatik, problemorientierte Programmiersprachen zur Darstellung von Algorithmen rechnerunabhängig zu definieren und strukturell zu beschreiben.

Der Preis für diese Rechnerunabhängigkeit ist dann der Zwang, einen Algorithmus als Computerprogramm aus einer problemorientierten Sprache in die interne Sprache der speziellen Rechenmaschine zu übersetzen. Diese Übersetzung erfolgt mit besonderen Algorithmen, sogenannten Übersetzern (Compiler). Der Aufwand für die Herstellung der Übersetzer selbst und die Übersetzung einzelner Programme richtet sich nach dem Komfort und der Struktur der problemorientierten Programmiersprache.

Wie stellt sich der Weg vom Algorithmus zum Computerprogramm jetzt dar?

1. Beschreibung: Der Algorithmus ist als Lösungsvorschrift zu einem bestimmten Problem als Aufgabenklasse vorgelegt. Die Darstellung und die Ausführbarkeit sind nicht an spezielle Bedingungen gebunden.

2. Programmierung: Die vorliegende Lösungsvorschrift des Algorithmus wird in eine problemorientierte Sprache übertragen. Die Darstellung und Ausführbarkeit sind genau, aber rechnerunabhängig, vorgegeben.

3. Übersetzung: Das problemorientierte Programm wird ganz oder schrittweise in ein Maschinenprogramm von einem Übersetzungsalgorithmus (Compiler) selbsttätig übersetzt.

Mathematische Fehler bei der Beschreibung eines Algorithmus lassen sich durch die bloße Programmierung nicht beseitigen. Testbeispiele können dann Fehler aufdecken.

Während Fehler in der späteren Übersetzungsphase (fast) ausgeschlossen sind, treten bei der Programmierung von Algorithmen häufiger Fehler auf. Formale Fehler werden bei der Übersetzung meist sofort entdeckt und dann mit einem Hinweis angegeben. Ein lauffähiges Programm garantiert natürlich noch nicht die inhaltliche Korrektheit eines Algorithmus.

Wir müssen es bei diesen ganz wenigen allgemeinen Vorbemerkungen belassen. An den beiden nachfolgenden Einführungsbeispielen sollen die grundsätzlichen Vorgänge und Verfahrensweisen etwas deutlicher gemacht werden. Fähigkeiten in der Beschreibung und Programmierung von Algorithmen lassen sich ohnehin weniger auf theoretische Weise, als vielmehr in erster Linie im Umgang mit praktischen Beispielen erwerben.

1.3 Beispiel 1 Potenzierung

Problem 1.1 Für vorgegebene $a \in \mathbf{Q}$ und $b \in \mathbf{N}_0$ ist $p = a^b$ zu ermitteln.

Wenn man weiß, was die Schreibfigur a^b bedeutet, lässt sich die Potenz $p = a^b \in \mathbf{Q}$ zu jedem Paar $(a, b) \in \mathbf{Q} \times \mathbf{N}_0$ bestimmen. Um dafür einen Algorithmus formulieren zu können, muss aber gerade beschrieben werden, wie man a^b in Einzelschritten aus a und b erhält. Ganz naiv dürfen wir dabei nicht vorgehen. Die Formulierung

a ist (b - 1)-mal mit sich selbst zu multiplizieren

bringt uns für die beiden zugelassenen Fälle b = 0 und b = 1 in Schwierigkeiten. Was soll (-1)-mal oder 0-mal mit sich selbst multiplizieren bedeuten? Wir müssen auch in diesem einfachen Falle immer auf eine mathematisch korrekte Definition achten. Für Exponenten b aus $\mathbf{N}_0$ kann diese lauten:

Definition 1.1 Es ist $a^0 = 1$ und $a^n = a^{n-1} \cdot a$ für alle $n \in \mathbf{N}$.

Jetzt haben wir keine Schwierigkeit mit den Fällen b = 0 oder b = 1 mehr und haben außerdem eine Vorschrift zur schrittweisen Berechnung zur Verfügung. Damit geben wir eine Version eines Algorithmus zu Problem 1.1 an:

Algorithmus 1.1 Potenz $p = a^b$

1: Notiere die Zahlen a und b

2: Setze p = 1 (für a^0)

3: Solange b > 0 ist, führe Folgendes nacheinander aus:

3a: Bilde das Produkt $x = p \cdot a$

3b: Ersetze p durch x

3c: Erniedrige b um 1

4: Gib p (als Lösung) an und stoppe (die Berechnung)

Wenn wir die angegebenen Schritte nun nacheinander ausführen, so erhalten wir eine Schrittfolge, die zu jedem (zugelassenen) Paar (a, b) das Ergebnis p korrekt ermittelt. Die Teilschritte a, b, c von Schritt 3 müssen wir dabei solange wiederholen, wie die Bedingung b > 0 erfüllt ist. Im Falle b = 0 wird also der Schritt 3 gar nicht ausgeführt, da b > 0 von Anfang an nicht erfüllt ist, und das Ergebnis lautet dann richtig p = 1.

Wenn wir ganz sorgfältig und formal korrekt vorgehen wollten, müssten wir in unserem Algorithmus auch noch die Zulässigkeit der Werte von a und b wie folgt überprüfen:

1: Notiere die Zahlen a und b

1a: Falls a oder b unzulässig ist, wiederhole Schritt 1

Diese Absicherung ist vom mathematischen Standpunkt aus durch die Festlegung der Zahlbereiche für a und b formal schon geleistet. Bei einem Programm sollte sie stets erfolgen, um unkontrollierte Abläufe, fehlerhafte Ergebnisse oder gar Programmabstürze von vornherein auszuschließen.

Test 1.1 Potenzierung $p = a^b$ für a = 2,5 und b = 3

Jetzt überprüfen wir den Algorithmus 1.1 an einem Einzelfall. Ein solcher Test ist immer sinnvoll, um festzustellen, ob man bei der Formulierung eines Algorithmus einen groben Fehler begangen hat. Über die Korrektheit des Algorithmus in jedem Einzelfall sagt ein solcher Test natürlich nichts aus:

Nr.	Schritt	a	b	p · a	p	b > 0
1	1	2,5	3			
2	2				1	
3	3					ja
4	3a			2,5		
5	3b				2,5	
6	3c		2			
7	3					ja
8	3a			6,25		
9	3b				6,25	
10	3c		1			
11	3					ja
12	3a			15,625		
13	3b				15,625	
14	3c		0			
15	3					nein
16	4				15,625	

Ergebnis: $2,5^3 = 15,625$

Hinweise

1. Die Spalte 1 (Nr.) gibt die Schrittfolge in einer fortlaufenden Nummerierung an. Die Spalte 2 (Schritt) bezeichnet die Schritte des getesteten Algorithmus.
2. Eine waagrechte Linie zeigt, dass von der strikten Nacheinanderausführung der einzelnen Schritte des Algorithmus (z. B. zur Wiederholung von Schritten) abgewichen wird.
3. Ein Wert (a, b, p · a, p) wird nur dann angegeben, wenn er entweder erstmals gesetzt wird, sich in dem Schritt ändert oder das endgültige Ergebnis angegeben wird. Eine Bedingung (b > 0) wird jeweils nur in demjenigen Schritt geprüft (ja/nein), in dem sie auftritt.
4. Es wird entgegen der englischen (Taschen-)Rechnerkonvention das (deutsche) Dezimalkomma verwendet. Damit wird auch eine Übereinstimmung mit der (deutschen) Standardeinstellung im hier verwendeten Tabellenkalkulationssystem EXCEL hergestellt.

Programm 1.1 (1) Potenzierung $p = a^b$

Es wird ein „Programm" angegeben, das die Version 1 des Algorithmus 1.1 umsetzt und das ohne weiteres nachvollziehbar ist. Weitere Hinweise findet man dann dazu auf der gegenüberliegenden Seite. Dieser Teil kann auch ganz übergangen werden.

```
Rem Potenzierung
Eingabe  "Welche Basis a?" a
Eingabe  "Welcher Exponent b?" b
Rem Zulässigkeitsprüfung
If (b < 0 Or b <> b \ 1) Then End
Ausgabe a "hoch" b " = "
p = 1
While b > 0
    Let p = p * a
    Let b = b - 1
Wend
Ausgabe p
End
```

Programm 1.1 (2) Potenzierung $p = a^b$

Erläuterung des *rekursiven* Aufbaus auf der gegenüberliegenden Seite.

```
Sub Potenz()
Eingabe  "Welche Basis a?" a
Eingabe  "Welcher Exponent b?" b
Rem Zulässigkeitsprüfung
If (b < 0 Or b <> b \ 1) Then End
Rem Rekursive Version der Potenzierung
Ausgabe a "hoch" b " = " Potenz(a, b)
End Sub
_______________________________

Function Potenz(a, b)
If b > 0 Then Potenz = a * Potenz(a, b - 1) Else Potenz = 1
End Function
```

Programmhinweise 1.1 Potenzierung $p = a^b$

In diesem Einführungsstadium wird noch auf eine präzise syntaktische Beschreibung der einzelnen Programmbefehle verzichtet. Da sich das angegebene Programm selbst erklärt, wird der Programmaufbau nur strukturell beschrieben: Hinweise zu *Visual*-BASIC findet der Leser als Anhang: Arbeiten mit *Visual*-BASIC ab *Seite 126.*

1. Hinter **Rem** (Remark) wird nur *erläuternder Text* angegeben.
2. Falls der Exponent b unzulässig ist, also entweder negativ oder nicht ganzzahlig ist, wird das Programm (ohne eine Fehlermeldung) beendet.
3. Da der Wert von b später verändert wird, erfolgt jetzt die Ausgabe der Eingabewerte.
4. In einer zweiten Schleife (**While-Wend**-Abschnitt) wird das Produkt schrittweise aufgebaut, **solange** der Wert des aktuellen Exponenten b größer als 0 ist. Für ganz Programmierunerfahrene macht die Anweisung Let p = p * a vielleicht doch Probleme. Sie bedeutet: Bilde das Produkt p * a und ersetze den (bisherigen) Wert von p durch den Wert des Produkts (vgl. Algorithmus 1.1).
5. Schließlich wird der ermittelte Wert von p als Ergebnis ausgegeben. Für die Ausgabe unter *Visual*-BASIC vgl. wieder Anhang ab *Seite 126.*

Hinweis: Alle Programmiersprachen besitzen für die Potenzierung (auch für rationale Exponenten) eine Standardfunktion. Das Einführungsbeispiel 1.1 hat deshalb keine praktische, sondern nur eine strukturelle Bedeutung.

Auch in diesem frühen Stadium der Darstellung ist es möglich und sinnvoll, wiederum aus strukturellen Gründen auch eine Formulierung des Problems 1.1 als Funktion Potenz(a, b) anzugeben.

Modulare und rekursive Version des Problems 1.1

Wenn man die Version 2 des Programms 1.1 mit der Version 1 vergleicht, so erkennt man, dass der eingerückte Programmteil aus der Version 1 in der Version 2 in eine Funktion Potenz(a, b) umgewandelt worden ist. Der strukturelle Vorteil besteht dabei darin, dass der Kern des Programms in einer Funktion zusammengefasst wird (Modularisierung).

Der wesentliche mathematische Effekt liegt darin, dass sich die hier gebildete Funktion *rekursiv* gestalten lässt. Sie bildet damit die *rekursive* Struktur der Potenzbildung präzise gemäß $a^b = a * a^{b-1}$ für $b > 0$ und $a^b = 1$ für $b = 0$ auf die Funktion ab.

Um die Programmzeile

```
If b > 0 Then Potenz = a * Potenz(a, b - 1) Else Potenz = 1
```

als die mathematische Definition 1.1 zu erkennen, muss man nur nachvollziehen, dass für

a) b > 0 innerhalb der Funktion Potenz(a, b) die Funktion Potenz(a, b - 1) aufgerufen werden kann (was einer Eigenschaft der Programmiersprache entspricht),

b) b = 0 der Wert Potenz der Funktion auf 1 gesetzt wird und dann zu dem vorherigen Funktionsaufruf zurückgekehrt wird. Dort wird dann a * 1 gebildet und wiederum zum vorherigen Aufruf $a * a = a^2$ zurückgekehrt. Der Rückgabeprozess endet dann mit dem ersten Aufruf Potenz(a, b) und dem korrekten Gesamtergebnis a^b.

1.4 Beispiel 2 Russisches Roulette

Ein sechsschüssiger Trommelrevolver soll genau eine Patrone enthalten. Die Trommel wird vor jedem Versuch durchgedreht, der Revolver wird an den (eigenen) Kopf gesetzt und dann abgedrückt.

Wozu braucht man für dieses makabre Spiel einen Algorithmus? Wir haben ja nicht die Absicht, das Spiel mit einem echten Revolver zu spielen, sondern wollen vielmehr den Spielablauf nur virtuell darstellen (Simulation).

Problem 1.2 Das Spiel „Russisches Roulette“ soll durch einen Algorithmus simuliert werden.

Der Algorithmus soll also die Verwendung eines Trommelrevolvers für einen Spielvorgang darstellen. Als Einführung betrachten wir eine einfache Variante für nur einen Spieler. Der Spieler dreht bei einem Versuch die Trommel mit der Patrone durch, die Trommel rastet mit einer bestimmten Kammer in den Lauf ein und nach dem Abdrücken steht einer von zwei möglichen Ausgängen fest. Der Algorithmus hat demnach zwei Hauptaufgaben:

1. Simulation der Trommeldrehung
2. Entscheidung über das Ergebnis.

Wie stellt man nun die Drehung einer Revolvertrommel virtuell dar? Wesentlich an der Drehung ist für den Vorgang nur, dass die Trommel unterschiedlich stark gedreht werden kann und dass als Ergebnis der Drehung genau einer von *sechs* möglichen Fällen auftritt.

Als Ergebnis der Drehung befindet sich genau eine der sechs Trommelkammern im Lauf. Wir müssen theoretisch davon ausgehen, dass keine der sechs Kammern (bei der Drehung) irgendwie bevorzugt wird. Die Wahrscheinlichkeit p der Patrone, in den Lauf zu kommen, beträgt also bei sechs Kammern ein Sechstel; p = 1 : 6. Als Ergebnis einer Drehung der Trommel hat der Algorithmus eine der Zahlen 1 bis 6 für die Kammern 1 bis 6 zufällig und mit der gleichen Wahrscheinlichkeit auszuwählen. Der Leser mache sich klar, dass das offenbar dem Würfeln mit einem normalen (echten) Würfel entspricht.

Wie lässt sich das verschiedenartige Drehen der Trommel berücksichtigen? Man teilt den der Trommel erteilten Impuls in einen Bereich etwa von 1 bis 20 ein und lässt vom Spieler einen Wert daraus vorgeben. Diese Zahl kann dann in die zufällige Auswahl der Kammer einbezogen werden. An sich würde hierfür auch wieder ein Bereich von 1 bis 6 ausreichen, da als Ergebnis aller Drehungen nur einer von sechs Ausgängen möglich ist. Da die Trommel jedoch auch mehrfache Umdrehungen machen kann, lassen wir einen größeren Bereich hierfür zu.

Für die Entscheidung, ob sich nach der Drehung die Patrone im Lauf befindet, können wir davon ausgehen, dass sich die Patrone stets in ein und derselben Kammer befindet. Für den Fall, dass der Spieler die Patrone selbst einschieben darf, soll keine der Kammern für die Drehung ausgezeichnet sein, so dass wir die Patrone etwa stets in der Kammer 1 annehmen dürfen. Das Ergebnis wird also danach ermittelt, ob die aus der „Drehung“ entstandene Zufallszahl $z \in \{1, 2, 3, 4, 5, 6\}$ gleich Eins ist oder nicht. Das entspricht so dem Würfeln der Augenzahl 1 mit einem normalen Würfel. Die Wahrscheinlichkeit für das Auftreten der Augenzahl 1 ist bei jedem „Wurf“ exakt ein Sechstel.

Zufallszahlen

1. Erzeugung von Zufallszahlen mit dem Computer

Jede Programmiersprache stellt eine Standardfunktion zur Verfügung, mit der sich *Pseudo-Zufallszahlen* erzeugen lassen. Diese Funktion heißt in der Regel **Rnd(x)** in Anlehnung an die englische Bezeichnung „random“ für Zufall. Mit dem Argument x = 1 liefert sie eine Folge von Pseudo-Zufallszahlen. Sie kann nur endlich viele verschiedene Zahlen liefern, da der Computer selbst nur endlich viele Zahlen darstellen bzw. speichern kann. Sie werden in der Regel auf die im Intervall 0 bis 1 (ohne 1) vom jeweiligen Computer darstellbaren Zahlen begrenzt. Da die Erzeugung der Zufallszahlen damit jedoch früher oder später in eine Schleife (Wiederholung) führt, heißen sie Pseudo-Zufallszahlen.

Die algorithmische Erzeugung von Pseudo-Zufallszahlen durch eine Funktion Rnd(x) in einer Programmiersprache muss uns hier nicht näher interessieren. Wir müssen nur wissen, dass die Folge der erzeugten Zahlen nach dem Aufruf der Funktion Rnd(1) stets dieselbe ist. Mithilfe der weiteren Programmanweisung randomize, lässt sich jedoch erreichen, dass zum Beispiel bei Würfelspielen ein „zufälliger“ Start der Zufallszahlenfolge erreicht wird. Die Forderung nach einer vollständigen Unabhängigkeit des einzelnen Würfelvorgangs wird damit aber auch nicht erfüllt.

Für praktische Belange sind die mit einem Zufallsgenerator erzeugten Pseudo-Zufallszahlen jedoch akzeptabel, weil die grundsätzlichen Schleifen doch groß genug sind, um gezielte Manipulationen beim Spielen praktisch auszuschalten. Vom mathematischen Standpunkt aus bleibt jedoch ein grundsätzlicher Mangel bestehen: Während je zwei echte Zufallszahlen *unabhängige* Ereignisse sind, wie sie z. B. beim Würfeln oder Werfen einer Münze grundsätzlich vorliegen, gilt das für die verwendeten Pseudo-Zufallszahlen nicht.

2. Würfeln mit dem Computerprogramm

Eine spezielle Wahl von Zufallszahlen ist das Würfeln mit der Auswahl 1 bis 6 Augen oder für unser Beispiel 2 die Auswahl einer bestimmten von 6 Patronenkammern. Die Aufgabe besteht jetzt darin, mithilfe der (Pseudo-)Zufallsfunktion Rnd(1) einen Würfelvorgang zu simulieren. Das gelingt uns in vier Schritten:

a) Rnd(1) stellt zunächst eine Zufallszahl aus 0 bis 1 (ohne die 1) zur Verfügung.
Beispiel: 0,56789

b) Wir strecken das Ergebnisintervall durch 6 * Rnd(1) auf 0 bis 6 (ohne die 6 selbst).
Ergebnis: 6 * 0,56789 = 3,40734

c) Der Teil nach dem Dezimalkomma wird gestrichen (abgeschnitten).
Ergebnis: 3

d) Es wird eine 1 addiert, um aus der Auswahl 0 bis 5 zu 1 bis 6 zu kommen.
Ergebnis: 4

Hinweise: Anders als beim realen Würfel kann bei der dargestellten Simulation statt der *maximalen* Augenzahl 6 jede natürliche Zahl verwendet werden. Auch kann aus einem beliebigen Abschnitt k bis l „gewürfelt“ werden. Schwieriger wird die Simulation einer Lottotrommel, bei der jede der 49 „Kugeln“ 1 bis 49 *höchstens* einmal gezogen werden darf und daher die vorherigen Ergebnisse gespeichert bzw. verglichen werden müssen.

Algorithmus 1.2 Russisches Roulette

Für den Fall einer reinen Simulation für einen Spieler ergibt sich die Version

Algorithmus 1.2 (1) Russisches Roulette für einen Spieler

1: Gib die Spielregeln bekannt

2: Verlange die Angabe einer Zahl n aus 1 bis 20

3: Wähle n-mal eine Zufallszahl z aus 1 bis 6 aus

4: Falls $z \neq 1$ ist, gib an: „Klick. Du lebst noch." und fahre mit Schritt 2 fort

5: Gib an: „Peng! Du bist leider tot." und stoppe

Handelt es sich hierbei überhaupt um einen echten Algorithmus, wo doch eigentlich gar nichts berechnet wird? Nach allem, was wir bisher über Algorithmen gesagt haben, muss die Antwort „Ja" lauten. Die Tatsache, dass mit dem Algorithmus 1.2 kein mathematisches Problem behandelt wird, ist für die Eigenschaft, Algorithmus zu sein, gar nicht notwendig. Der Algorithmus 1.2 hat im üblichen Sinne Eingabewerte, seine Ausgabewerte sind verbale Sätze wie etwa: *Klick. Ich lebe noch. Du bist dran!*

Wenn wir wieder nach den Grundfähigkeiten für die Ausführung des Algorithmus fragen, so stellen wir fest, dass neben Lesen/Schreiben (Schritt 1, 2, 5) wieder Abfrage/Vergleich (Schritt 4) vorkommt. Neu ist die Auswahl einer Zufallszahl. Diese Auswahl sehen wir als einen eigenen Algorithmus an, in dem wir zusätzlich Zuweisungen und arithmetisches Rechnen benötigen.

Ein Algorithmus, dessen Aufgabe es ist, eine bestimmte (existierende) Lösung *arithmetisch* zu berechnen, heißt ein **numerischer** Algorithmus. Numerische Algorithmen werden im folgenden 2. Kapitel Numerische Algorithmen als Schwerpunkt behandelt. Alle anderen Algorithmen heißen **nichtnumerische** Algorithmen, von denen einige typische Beispiele im 3. Kapitel Nichtnumerische Algorithmen dargestellt werden.

Wenn man eine Spielsituation mit zwei Spielern nachbildet, ergibt sich die Version

Algorithmus 1.2 (2) Russisches Roulette für einen Spieler gegen den Computer

1: Gib die Spielregeln bekannt

2: Verlange die Angabe einer Zahl n aus 1 bis 20

3: Wähle n-mal eine Zufallszahl z aus 1 bis 6 aus

4: Falls $z = 1$ ist, gib an: „Peng! Du bist leider tot und bekommst ein neues Leben." und fahre mit Schritt 2 fort

5: Gib an: „Klick. Du lebst noch. Ich bin jetzt dran."

6: Wähle eine Zufallszahl z aus 1 bis 6 aus

7: Falls $z > 1$ ist, gib an: „Klick. Ich lebe noch. Du bist dran!"

8: Falls $z = 1$ ist, gib an: „Ich bin tot. Mein Bruder nimmt Revanche!"

9: Fahre mit Schritt 2 fort, falls $n > 0$

10: Stoppe, wenn du genug hast ($n = 0$)

Hinweise zum Algorithmus 1.2 Russisches Roulette

Man benötigt für die Ausführung von Algorithmus 1.2 (1) wieder nur ganz elementare Fähigkeiten. Das gilt sowohl für den Würfelvorgang wie für die eigentliche Simulation des Ablaufes. Man muss nur Platzhalter (Variable) mit Werten belegen (Schritt 2 und 3), lesen und schreiben (Schritt 1, 2, 4 und 5) sowie durch einen (numerischen) Vergleich den aktuellen Wert einer Variablen prüfen können (Schritt 4).

Zur Ausführung des Algorithmus braucht man darüber hinaus wieder keine Kenntnis über den mathematischen Sachverhalt. Es leuchtet ein, dass damit die Voraussetzungen günstig sind, den Algorithmus auch von mathematischen Laien (korrekt) ausführen zu lassen.

Was tut man nun, wenn einem für die Auswahl der Zufallszahl kein Teilalgorithmus zur Verfügung steht? Der naheliegendste Weg ist es natürlich, mit einem echten Würfel zu würfeln. Der direkteste Weg wäre ganz ohne Simulation einen echten sechsschüssigen Trommelrevolver zu benutzen.

Die praktische Ausführung eines Algorithmus setzt also erneut nur gewisse einfache Grundfähigkeiten voraus. Wenn man erreichen will, dass ein Algorithmus von möglichst vielen Benutzern oder gar von einer Maschine (Computer) ausgeführt werden kann, wird man möglichst einheitliche Grundfähigkeiten voraussetzen.

In der Mathematik gibt es keine Standards für solche normierten Grundfähigkeiten, die für die Ausführung eines Algorithmus vorausgesetzt werden. Man trifft daher in der Mathematik bei der Formulierung und damit in der Ausführbarkeit eines Algorithmus erhebliche Unterschiede an.

Während in der ersten Version des Algorithmus 1.2 eigentlich noch keine Spielsituation vorliegt, wird in der Version 2 ein Spiel zwischen einem Spieler und einem anonymen Gegenüber formuliert, der in der zugehörigen Programmversion vom Computer, oder genauer dem Computerprogramm, wahrgenommen wird.

Inhaltlich geschieht durch diese Spielsituation nichts Neues. Der Auswahlvorgang muss einfach wiederholt und das Ergebnis einem Gegenspieler zugeordnet werden. Die dafür notwendigen Fähigkeiten müssen schon für die Ausführung der Version 1 vorliegen.

Während in Version 1 das „Spiel" solange fortgesetzt wird, bis der Spieler theoretisch „Selbstmord" begangen hat, liegt in Version 2 eine „endlose" Spielsimulation vor, da der Spieler und das Computerprogramm immer wieder zu neuem „Spielleben" erweckt werden. Damit widerspräche der Algorithmus jedoch einer Standardeigenschaft, die jeder Algorithmus a priori stets erfüllen muss: Nach endlich vielen Schritten muss er (definiert) stoppen. Praktisch ist die Endlichkeitsforderung aber in einer konkreten Spielsituation immer zu erfüllen, indem man einfach aufhört.

An dieser Stelle seien die Leserin bzw. der Leser nochmals auf den *mathematisch* ganz wesentlichen Unterschied zwischen dem echten und dem hier nur simulierten Würfeln hingewiesen. Während ein echter Würfel keinerlei Gedächtnis besitzt und damit jede Augenzahl beim Folgewurf immer wieder exakt gleich wahrscheinlich ist, hängt bei einer Simulation des Würfelns jeder Folgewurf von der Vorgeschichte ab (es wird also nur eine Pseudo-Zufallszahl erzeugt).

Programm 1.2 (1) Russisches Roulette für einen Spieler

```
Ausgabe "Du spielst alleine Russisches Roulette
Do
    Eingabe "Gib eine Zahl von 1 bis 20 ein!" n
    For i = 1 To n
        z = Int(6 * Rnd(1)) + 1
    Next i
    If z > 1 Then Ausgabe "Klick. Du lebst noch."
Loop Until z = 1
Ausgabe "Peng! Du bist leider tot."
End
```

Test 1.2 (1) Russisches Roulette für einen Spieler

Du spielst alleine Russisches Roulette	
Gib eine Zahl von 1 bis 20 ein!	7
Peng! Du bist leider tot.	

Programm 1.2 (2) Russisches Roulette mit virtuellem Gegner (Computer)

```
Ausgabe "Du spielst Russisches Roulette gegen mich."
Do
    Eingabe "Gib eine Zahl von 1 bis 20 ein!" n
    For i = 1 To n
        z = Int(6 * Rnd(1)) + 1
    Next i
    If z = 1 Then
        Ausgabe "Peng! Du bist leider tot und bekommst ein neues Leben."
    Else Ausgabe "Klick. Du lebst noch. Ich bin jetzt dran."
    End If
    z = Int(6 * Rnd(1)) + 1
    If z > 1 Then Ausgabe "Klick. Ich lebe noch. Du bist dran!"
    If z = 1 Then Ausgabe "Ich bin tot. Mein Bruder nimmt Revanche!"
Loop Until n = 0
End
```

Programmhinweise 1.2 Russisches Roulette

Die Programmversion 1.2 (1) (für nur einen Spieler) besteht aus einer Do-Loop-Until-Schleife, die erst verlassen wird, wenn bei der Auswahl einer Zufallszahl z aus 1 bis 6 der Wert 1 (Patrone in der Trommelkammer) vorgelegen hat.

Innerhalb der äußeren Schleife wird eine For-Next-Laufanweisung verwendet, um die Auswahl einer Zufallszahl aus 1 bis 6 sooft zu wiederholen, wie die eingegebene Zahl n angibt.

Der Kern des Programms ist die Auswahl einer Zufallszahl z aus der Würfel-Wertemenge 1 bis 6 mittels z = Int(6 * Rnd(1)) + 1.

Nach dem Verlassen der Schleife ist die Kammer mit der Patrone (z = 1) „gezogen" worden, so dass die Simulation mit dem virtuellen Tod des Spielers endet.

Das Programm 1.2 (2) Russisches Roulette unterscheidet sich von der ersten Version zunächst durch eine „Endlos-Schleife", die mehrere Spielvorgänge erlaubt, wenn dem Spieler das Überleben gesichert wird (neues Leben). Außerdem wird die Mitwirkung eines Gegenspielers (Computer) durch eine zusätzliche Auswahl einer Zufallszahl z aus 1 bis 6 und deren analoge Auswertung ermöglicht.

Für die Simulation werden zwei sog. Standardfunktionen, Rnd(x) und Int(x), verwendet. Man kann diese als Grundfähigkeiten jeder höheren Programmiersprache ansehen bzw. voraussetzen. Aus strukturellen Gründen soll hier die auch sonst verwendete Integer-Funktion Int(x) auf elementare arithmetische Operationen zurückgeführt werden. Das wäre auch für die Random-Funktion Rnd(1) möglich, unterbleibt hier jedoch, da uns die theoretischen Voraussetzungen dafür fehlen.

Erzeugung der Integer-Funktion Int(x) für x ≥ 0 als ganzzahliger Anteil einer Zahl

Beispiele: Int(3,45) = 3, Int(0,89) = 0

```
Function Int(x)
z = 0
While x >= 1
    Let z = z + 1
    Let x = x - 1
Wend
Int = z : Rem Rückgabe von z als Funktionswert z = Int(x)
End Function
```

Hinweis: Der hier angegebene Funktions-Modul Int(x) dient nur dem formalen Nachweis einer Zerlegbarkeit in elementare Rechenschritte. Sie ist als eine BASIC-Standardfunktion Int(x) verfügbar, jedoch mit dieser nicht identisch, da der Zeitbedarf für die hier angegebene Version im Allgemeinen zu hoch wäre.

1.5 Folgerungen und Ausblick

Die beiden Beispiele lassen folgendes allgemeine Vorgehen bei der Behandlung eines praktischen Problems als Algorithmus erkennen:

1. Beschreibung des Problems
2. Theoretische Behandlung des Problems
3. Formulierung eines Algorithmus
4. Ausführung und ggf. Änderung des Algorithmus.

Diese vier Anteile treten je nach Art des Problems in verschieden starker Ausprägung auf. Unsere beiden Beispiele erfordern kaum eine theoretische Behandlung. Die Anteile 1 und 2 gehören in ein mathematisches Teilgebiet und bilden die Voraussetzung für die Anteile 3 und 4. Der Anteil 3 gehört sowohl zur Mathematik wie auch zur Informatik. Anteil 4 wird schwerpunktmäßig von der Informatik bestritten. Man muss sich dabei klarmachen, dass sich die Anteile 3 und 4 gegenseitig stark beeinflussen und auch Auswirkungen auf die theoretische Behandlung eines Problems haben können. Allgemein folgen die vier Anteile ohnehin nicht streng aufeinander, sondern werden meist parallel in Angriff genommen.

Unsere Überlegungen konzentrieren sich auf die Formulierung von Algorithmen, bei der Mathematik und Informatik zusammenwirken können. Worauf gründet sich heute dieses Zusammenwirken? Die Mathematik hat in ihrer ziemlich langen Entwicklung schon immer Lösungswege als Algorithmen formuliert. Die Informatik ist als wissenschaftliche Disziplin erst am Ende des letzten Weltkrieges mit der Entwicklung elektronischer Rechenanlagen entstanden. Der Ausgangspunkt für die Entwicklung von Rechenanlagen war der Wunsch, häufig anfallende Routinerechnungen im Ingenieurwesen (Brückenbaustatik und dgl.) nicht mehr mithilfe von mechanischen Tischrechnern, sondern mit elektronischen Hilfsmitteln vollautomatisch ausführen zu können. Dieser ehemalige Anwendungsbereich ist heute jedoch verschwindend gering gegenüber anderen Anwendungen. Rechenanlagen können theoretisch jeden beliebigen Algorithmus ausführen. Die praktische Ausführbarkeit hängt allerdings wesentlich vom Zeit- und Speicherbedarf eines Algorithmus ab und stößt auf relativ enge Grenzen, so dass für jeden beliebigen Rechner stets ein unlösbares Problem angegeben werden kann.

Bei der Formulierung von Algorithmen ist man in der Mathematik ungebunden, doch ist davon auszugehen, dass auch in der Mathematik die weitaus meisten Algorithmen heute von einer Rechenanlage ausgeführt werden sollen. Das ist nicht nur dann der Fall, wenn die Lösung anders gar nicht oder nur sehr aufwendig erhalten werden kann.

Die Ausführbarkeit eines Algorithmus durch eine Rechenanlage setzt eine spezielle Formulierung des Algorithmus voraus. Diese spezielle Form eines Algorithmus heißt ein Computerprogramm. Will man ein Problem mittels einer Rechenanlage lösen, so muss der (mathematische) Lösungsalgorithmus als Computerprogramm formuliert werden.

Wenn man die Formulierung eines Algorithmus nicht sofort mit dem Computerprogramm beginnt, so wird man das Endziel der Formulierung als Programm so weit wie möglich berücksichtigen. Ignoriert man diesen Zusammenhang, so kann nicht nur der Aufwand für die notwendige Übertragung in ein Programm größer, sondern auch bei einer späteren, meist notwendigen inhaltlichen Fehlersuche der Zeitaufwand vergrößert werden.

Hinweise zur Arbeitsweise

Ein Computerprogramm „läuft" häufig nicht auf Anhieb. Seine formale und inhaltliche Funktionsfähigkeit muss mindestens an Beispielen getestet werden. Arbeitet ein Programm nicht einwandfrei, so sind natürlich Änderungen erforderlich. Ist jetzt der ursprüngliche Algorithmus völlig unabhängig vom Programm entwickelt worden, so ergeben sich bei der Fehlersuche und der Verbesserung des Programms zusätzliche Schwierigkeiten. Man muss dann die Fragestellungen immer wieder von der einen Formulierungsform in die andere gewissermaßen übersetzen. Das gilt in ganz besonderem Maße, wenn die ursprüngliche Formulierung noch fehlerhaft ist.

Aus der Absicht, einen Algorithmus durch eine Rechenanlage ausführen zu lassen, folgt keineswegs der Zwang, den Algorithmus sofort als Computerprogramm zu formulieren. Selbst in einer einfachen Programmiersprache wie BASIC wird die formale Schreibweise und die Notwendigkeit, einzelne Anweisungen zu formulieren, eher hinderlich sein. Auch besteht damit oft die Gefahr, dass man meist nur den häufigsten Lösungsablauf (Hauptfall) programmiert und später erhebliche Veränderungen am Programm vornehmen muss.

Es ist zweckmäßig, sich zunächst einen Überblick über die verschiedenen Anteile eines Algorithmus zu verschaffen, diese Anteile in Beziehung zu setzen und dann schrittweise zu verfeinern (*Topdown*-Methode). Hierzu eignet sich eine verbale Formulierung eventuell zusammen mit einem *Struktogramm* recht gut. Die Darstellung eines Algorithmus als Struktogramm kann als graphisches Hilfsmittel die Erfassung von Sonderfällen im Ablauf eines Algorithmus unterstützen. Für die formale Darstellung von Algorithmen gibt es jedoch kein allgemeines Prinzip.

Anders als bei der formalen Struktur lässt sich aber für die inhaltliche Struktur von Algorithmen ein allgemeines Prinzip angeben, das deren Ausführbarkeit auf einer Rechenanlage wenigstens theoretisch garantiert. Beachtet man dieses Prinzip bei der Formulierung eines Algorithmus, so kann man davon ausgehen, dass die Umsetzung in ein Computerprogramm (fast) problemlos möglich ist. Auch die Fehlersuche und die Verbesserung von Algorithmen wird damit wesentlich erleichtert.

Bei der Formulierung der beiden Einführungsbeispiele sind gewisse Grundfähigkeiten aufgefallen. Sie sind nicht zufällig aufgetreten, sondern können als charakteristisch für alle Algorithmen angesehen werden. Diese vier Grundfähigkeiten, denen je eine Grundoperation bei der Ausführung entspricht, sind:

1. Lesen/Schreiben (unter *Visual*-BASIC mittels einer EXCEL-Tabelle)
2. Zuweisungen an Platzhalter
3. Verzweigungen nach Ja-Nein-Abfragen
4. Arithmetisches Rechnen.

Jeder Algorithmus lässt sich aus den vier Grundfähigkeiten wie aus Bausteinen aufbauen. Da ein mathematisch korrekter Algorithmus als eine Folge aus den vier Grundfähigkeiten dargestellt werden kann, ergeben sich wichtige Konsequenzen (siehe Folgeseite).

Am Beispiel der Programmiersprache *Visual*-BASIC wird deutlich, dass man jede der vier Grundfähigkeiten immer als direkte Anweisung dann formulieren kann, wenn man als Ja-Nein-Abfragen nur logische Bedingungen zulässt.

Anmerkungen zu Grundfähigkeiten und zur Ausführbarkeit

Eine Folge aus den vier Grundfähigkeiten lässt sich stets in andere Programmiersprachen übertragen, wobei noch gewisse Besonderheiten für Typen und Formate von Platzhaltern möglich sind. Wichtigste Konsequenz ist, dass das Computerprogramm einen vollständigen automatischen Ablauf des ursprünglichen Algorithmus auf einer Rechenanlage (bis auf eine eventuelle Datenversorgung im Dialog) ermöglicht. Erst so gelingt es, die enorme Arbeitsgeschwindigkeit einer Rechenanlage auszunutzen.

Was lässt sich für die praktische Formulierung von Algorithmen daraus folgern? Soll ein Algorithmus auf einer Rechenanlage eingesetzt werden, so ist das Ziel, den Algorithmus als Folge der vier Grundfähigkeiten zu formulieren, die bei der Ausführung wenigstens zum Teil vielfach durchlaufen werden. Damit existiert ein allgemeines Ordnungsprinzip für die Formulierung von Algorithmen, das nicht ausschließt, diese Formulierung schrittweise (zum Beispiel mit Teilalgorithmen) zu gewinnen.

Man wird mit Recht nach einer Begründung für das angegebene Prinzip fragen. Da ist zuerst die Behauptung, dass sich jeder Algorithmus als Folge aus vier Grundfähigkeiten formulieren lässt. Es gibt eine Reihe von Algorithmusdefinitionen aus den verschiedenen Gebieten, die sich alle – wie bereits erwähnt – als äquivalent herausgestellt haben.

Man muss sich dabei nochmals klarmachen, dass grundsätzlich nicht nachweisbar ist, dass eine solche Definition den intuitiven Algorithmusbegriff vollständig wiedergibt. Eine der äquivalenten Definitionen wird gerade mithilfe von ganz elementaren Grundfähigkeiten vorgenommen (Turing-Maschine). Der Nachweis, dass die vier Grundfähigkeiten auch für die Turing-Definition ausreichen, kann an dieser Stelle nicht erbracht werden.

Weiter wäre dann nachzuweisen, dass eine Rechenanlage die zu den vier Grundfähigkeiten gehörenden Operationen prinzipiell ausführen kann. Dieser Nachweis ist recht einfach. Dazu muss man nur verhältnismäßig einfache Fähigkeiten voraussetzen, die jede Rechenanlage besitzt. Über den Aufbau und die Struktur von Rechenanlagen soll hier schon aus Platzgründen nichts ausgesagt werden. Diese Kenntnisse sind für die Benutzung einer Rechenanlage heute weitgehend entbehrlich. Man ist hier in der gleichen Lage wie jemand, der ohne die Kenntnis des Ottomotor- oder Dieselmotorprinzips ein Auto fahren kann, wenn er eine ausreichende Praxis des Fahrens erworben hat.

Wohl zu unterscheiden von der prinzipiellen Ausführbarkeit der Grundfähigkeiten ist die praktische Ausführbarkeit eines beliebigen Algorithmus. Hier muss eine negative Antwort gegeben werden. Man kann zu jeder konkreten Rechenanlage stets mindestens einen Algorithmus angeben, der deren Speicherkapazität (= Anzahl der verfügbaren Speicherplätze für Platzhalter) oder jede feste Zeitschranke übersteigt.

Um die Zahl 250 Milliarden = $250 \cdot 10^9$ (Euro) des gerundeten Bundeshaushaltes 2004 durch eine fortgesetzte Addition der EURO-Einheit zu summieren, benötigt man bei 250.000 Additionen pro Minute fast zwei Jahre. Das dauert zwar ziemlich lange, ist aber grundsätzlich *ausführbar*. Es wird jedoch klar, dass man mit der 1+1-Aufgabe jede feste Zeitschranke überwinden kann. Eine besonders interessante Aufgabe, die sich auch mit schnellstmöglichen Computern innerhalb der Existenz unseres Universums nicht ausführen lässt, kann der Leser bzw. die Leserin als 3.2.6 *Türme von HANOI* im letzten Kapitel Nichtnumerische Algorithmen näher kennen lernen.

2 Numerische Algorithmen

Dieses Kapitel behandelt als Schwerpunkt dieses Bandes Probleme, Algorithmen und deren Umsetzung in Computerprogramme für die folgenden Bereiche:

Teilbarkeitslehre in N

Stellenwertsysteme in Q

Iterationen in Q

Diese Themen gehören nicht nur zum klassischen fachlichen Repertoire der Mathematik, sondern sie finden sich auch direkt oder indirekt in allen Bildungsplänen der Schulen ab der Jahrgangsstufe 5. Damit ist der Zusammenhang zum Lehramt Mathematik evident.

Auf eine durchgehende und gründliche Behandlung der mathematischen Grundlagen der Themen muss hier aus Platzgründen verzichtet werden. Dazu wird auf die entsprechenden Bände dieser Reihe und die am Ende dieses Bandes angegebene Literatur verwiesen.

Ziel der Behandlung ist es, die algorithmische Struktur wichtiger numerischer Probleme aufzudecken, Zusammenhänge zwischen zunächst unterschiedlichen Aufgabenstellungen und deren praktischen Anwendungen zu entdecken und in unterschiedlichen Darstellungsweisen ein vertieftes und strengeres algorithmisches Verständnis zu entwickeln.

Es soll weder eine klassische mathematische Behandlung von numerischen Algorithmen noch deren adäquate Übertragung in eine höhere Programmiersprache geleistet werden. Das letztere ergibt sich schon daraus, dass der Umgang mit einer solchen Programmiersprache nicht zur herkömmlichen Lehramtsausbildung gehört und auch nicht gehören muss. Ziel ist und bleibt die Schulung des mathematischen Denkens.

Es geht auch nicht um eine praktische Anwendung einzelner numerischer Algorithmen, die heute vom Computer schnell und fehlerfrei geleistet wird. Das gilt auch innerhalb der Schulmathematik. Dort kommt aber leider immer noch das mathematische Verständnis für algorithmisches Denken gegenüber einem Übergewicht einzelner Beispiele häufig zu kurz.

Es wird bei der Behandlung immer in drei Schritten vorgegangen. Zuerst werden Probleme des jeweiligen Themas formuliert, die einer allgemeinen algorithmischen Behandlung zugänglich sind. Mathematische Begriffe und Sätze werden nur soweit dargestellt, wie sie für die exakte Problemformulierung erforderlich sind.

In einem zweiten Schritt wird mindestens eine algorithmische Lösung des formulierten Problems noch ohne einen direkten Bezug zu einer Programmiersprache zum Teil mit Unterstützung durch ein Strukturdiagramm entwickelt. Dieser Schritt ist optional und fällt in der Praxis häufiger weg.

Erst in dem dritten Schritt der zugehörigen Programmlösung lassen sich Unschärfen in der Formulierung und damit in der praktischen Umsetzung von Algorithmen vermeiden sowie modulare Gliederungen und rekursive Konzepte uneingeschränkt einsetzen. Eine Umsetzung und seine praktische Verifizierung in einen programmierten Algorithmus ist daher kein Selbstzweck und kein Problem der konkreten Anwendung im Einzelfall, sondern ein direktes mathematisches Problem. Erst auf dieser operativen Darstellungsebene kann ein wirkliches mathematisches Verständnis für Algorithmen erreicht werden.

2.1 Teilbarkeitslehre in N

Die Teilbarkeitslehre in **N** gehört zu dem Gebiet der elementaren Zahlentheorie. Viele Probleme aus der elementaren Zahlentheorie üben einen starken Reiz aus. Das mag daran liegen, dass sie sich meist einfach formulieren lassen. Es gibt außerdem eine Reihe interessanter noch ungelöster Probleme, die allen Bemühungen der Mathematiker bisher standgehalten haben. Dazu gehört die berühmte Goldbachsche Vermutung (1742). Sie besagt, dass sich jede gerade natürliche Zahl, die größer als 4 ist, durch die Summe zweier (ungerader) Primzahlen darstellen lässt, etwa $6 = 3 + 3$ oder $8 = 3 + 5$.

Für unser Vorhaben ist die elementare Zahlentheorie interessant, weil sie sehr viele algorithmische Ansätze enthält. Den Anforderungen in der Sekundarstufe I entsprechend konzentrieren wir uns dabei auf die Teilbarkeitslehre in **N**.

2.1.1 Teilbarkeit und Teilermengen

Teilbarkeit ist eine Relation auf der Menge der natürlichen Zahlen **N** (ohne Null).

Definition 2.1 Wenn es zu zwei natürlichen Zahlen a und b eine natürliche Zahl x gibt, so dass $b = a \cdot x$ gilt, dann heißt a ein Teiler von b.

Aus der Definition 2.1 eines Teilers ergibt sich, dass mit a auch die natürliche Zahl x selbst wegen $b = a \cdot x$ ein Teiler von b ist. Da x für gegebene a und b eindeutig bestimmt ist, heißt x der Komplementär- oder Gegenteiler von b bezüglich a.

Problem 2.1 Man bestimme alle Teiler einer gegebenen natürlichen Zahl n, d. h. die Teilermenge $T(n) = \{t \mid t \in \mathbf{N} \wedge t \mid n\}$.

Aussagen zu Teilermengen für $n \in \mathbf{N}$

1. Existenz einer (nichtleeren) Teilermenge T(n) für jedes n
   Da $n = 1 \cdot n$ gilt, ist 1 Teiler jeder natürlichen Zahl n und damit $T(n) \neq \emptyset$.
2. Eindeutigkeit der Teilermenge
   Sei $T(m) = T(n)$. Wir nehmen an, es sei $n \neq m$, also zwei verschiedene natürliche Zahlen besäßen die gleiche Teilermenge. Da $m \in T(n)$ und $n \in T(m)$ gilt, folgt nun $m \mid n \wedge n \mid m$, d. h. $n = m$ und ergibt so einen Widerspruch zur Annahme $n \neq m$.
3. Endlichkeit der Teilermenge
   Da es genau n verschiedene natürliche Zahlen t mit $t \leq n$ gibt, gilt $|T(n)| \leq n$ für die Anzahl der Teiler von n.
4. Abschätzung der Anzahl der Teiler
   Die grobe Abschätzung $|T(n)| \leq n$ lässt sich auf $|T(n)| \leq n/2 + 1$ verbessern, weil „oberhalb" von n/2 nur noch der triviale Teiler n existiert.

Die Endlichkeit aller Teilermengen ist die notwendige Voraussetzung dafür, dass zum Problem 2.1 überhaupt ein Algorithmus existiert. Unser Ziel ist es künftig, zu jedem Problem zunächst mindestens einen Algorithmus und zu dem Algorithmus ein *Visual*-BASIC-Programm anzugeben.

Grundlegung der natürlichen Zahlen N

Lange wurden die natürlichen Zahlen von den Mathematikern als „von Gott gegeben" angesehen. Erst Ende des 19. Jahrhunderts setzte sich die Erkenntnis durch, dass die „natürlichen" Zahlen einer exakten Definition bedürfen. Das erste Axiomensystem der natürlichen Zahlen stammt von R. Dedekind (1888) und G. Peano (1891):

a) 1 ist eine natürliche Zahl.

b) Zu jeder natürlichen Zahl gibt es genau eine Nachfolgerin, die selbst wieder eine natürliche Zahl ist.

c) Es gibt keine natürliche Zahl, deren Nachfolgerin 1 ist.

d) Die Nachfolgerinnen zweier verschiedener natürlicher Zahlen sind voneinander verschieden.

e) Enthält eine Menge natürlicher Zahlen die Zahl 1 und zu jedem Element dessen Nachfolger, so enthält die Menge alle natürlichen Zahlen.

Die Teilbarkeit von je zwei natürlichen Zahlen a und b wurde multiplikativ nach Definition 2.1 erklärt:

Danach heißt a ein Teiler von b, wenn es eine natürliche Zahl x gibt, so dass $b = a \cdot x$ gilt. Die abgekürzte Schreibweise lautet: $a \mid b$ (sprich: a teilt b).

- 673 ist ein Teiler von 4711, weil $4711 = 673 \cdot 7$ gilt, also $673 \mid 4711$

Die Teilbarkeit ist ein Spezialfall der *Division mit Rest* für je zwei natürliche Zahlen:

$\mathbf{b = a \cdot q + r}$ für gegebene Zahlen a und b mit $0 \leq r < a$ und $q, r \in \mathbf{N}_0 = \mathbf{N} \cup \{0\}$ (2.1)

- $4711 = 673 \cdot 7 + 0$ oder $4712 = 673 \cdot 7 + 1$

Die Teilbarkeitsprüfung für vorgegebene natürliche Zahlen lässt sich ohne die Rechenart Division mittels fortgesetzter Subtraktion durchführen:

Teilbarkeitsprüfung für je zwei beliebige natürliche Zahlen a und b:

Subtrahiere von der Zahl b die Zahl a, solange $b \geq a$ ist.

- $4711 - 673 \rightarrow 4038 \rightarrow 3365 \rightarrow 2692 \rightarrow 2019 \rightarrow 1346 \rightarrow 673 \rightarrow 0$
- $4712 - 673 \rightarrow 4039 \rightarrow 3366 \rightarrow 2693 \rightarrow 2020 \rightarrow 1347 \rightarrow 674 \rightarrow 1$

Die letzte Differenz gibt den Divisionsrest r an. Nur wenn $r = 0$ ist, gilt $a \mid b$.

Das Verfahren liefert auch bei $a > b$ das richtige Ergebnis: Es findet dann zwar keine Subtraktion statt, der Divisionsrest r ist dann offenbar gleich b.

- $b = 673$, $a = 4711 \rightarrow 673 = 4711 \cdot 0 + 673$

Das Ergebnis entspricht wiederum dem Satz von der Division mit Rest, der besagt, dass es für je zwei beliebige natürliche Zahlen immer (genau) eine Darstellung (2.1) gibt, in der auch $q = 0$ zugelassen ist.

Der Umgang mit Teilbarkeitsproblemen ist ein möglicher Einstieg in und Motivation für die Arithmetik ab der 6. Jahrgangstufe. Sie erlauben, den Mathematikunterricht von reinen Rechenaufgaben zu mathematischen Fragestellungen hinzuführen.

Algorithmus 2.1 Teilermenge einer natürlichen Zahl (Teil 1)

Eine erste, ziemlich grobe Lösung des Problems 2.1 könnte lauten:

Algorithmus 2.1 (1) Teilermenge von $n \in \mathbf{N}$

1: Notiere die gegebene natürliche Zahl n

2: Stelle fest, welche der natürlichen Zahlen von 1 bis n Teiler von n sind

Hier ist noch nichts darüber ausgesagt, wie man konkret feststellt, ob eine Zahl a Teiler einer Zahl n ist. Wir haben lediglich verwendet, dass als Teiler der Zahl n nur Zahlen von 1 bis n grundsätzlich in Betracht kommen können. Die Ausführbarkeit von Schritt 2 in Algorithmus 2.1 (1) hängt aber davon ab, dass wir die Teilbarkeit für die n Zahlen in jedem Einzelfalle praktisch überprüfen können. Vorher gliedern wir noch den Schritt 2 im Algorithmus 2.1 (2) in Teilschritte wie folgt

Algorithmus 2.1 (2) Teilermenge von $n \in \mathbf{N}$

1: Notiere die gegebene natürliche Zahl n

2a: Setze Testteiler t auf 1

2b: Falls $t \mid n$ gilt, gib t als Teiler von n an

2c: Erhöhe Testteiler t um 1

2d: Falls $t > n$ ist, stoppe, sonst fahre mit Schritt 2b fort

Bei der Entwicklung des Algorithmus zum Problem 2.1 sind wir nach der sogenannten *Topdown*-Methode vorgegangen. Es wurde zuerst ein Algorithmus 2.1 (1) angegeben. Dieser wurde zu dem Algorithmus 2.1 (2) verfeinert, in dem ein Schritt in mehrere Teilschritte gegliedert wurde. Es wäre andererseits durchaus auch möglich gewesen, die Teilbarkeitsprüfung vorher zu behandeln, zumal sie für die Probleme 2.1 bis 2.5 von gleicher Bedeutung sein wird. Dann hätten wir die *Bottomup*-Methode gewählt, mit der wir die Behandlung gewissermaßen von innen (vom Boden) her beginnen.

Die Formulierung 2.1 (2) lässt sich nun in eine formalisierte Form bringen:

Struktogramm 2.1 (2) Teilermenge von $n \in \mathbf{N}$

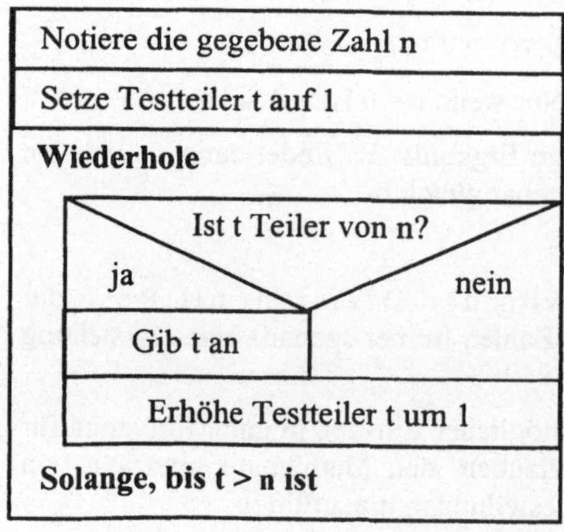

Das wesentliche Element dieses Struktogramms nach den selbsterklärenden Eingangszeilen ist eine Wiederhole-Solange-Schleife mit einer Abbruchbedingung: **Solange, bis $t > n$ ist.**

Die dreieckige Abfrage verzweigt je nach der Antwort auf die Frage in den ja-Zweig nach links oder in den nein-Zweig nach rechts.

Innerhalb der Wiederhole-Schleife wird nach der Teilbarkeitsabfrage der Testteiler immer solange um 1 erhöht, bis t größer n ist.

Test 2.1 (2) Teilermenge von n = 4

Nr.	Schritt	n	t	t | n	t > n	Teiler
1	1	4				
2	2a		1			
3	2b			ja		1
4	2c		2			
5	2d				nein	
6	2b			ja		2
7	2c		3			
8	2d				nein	
9	2b			nein		
10	2c		4			
11	2d				nein	
12	2b			ja		4
13	2c		5			
14	2d				ja	

Ergebnis: Die Teilermenge von n = 4 ist T(4) = {1, 2, 4}.

Hinweise: In Tests zu einzelnen Algorithmen werden Werte nur dann angegeben, wenn sie zum ersten Mal auftreten oder sich verändern. Abfragen werden nur in den Schritten mit ja oder nein angegeben, wo sie auftreten. Waagrechte Linien markieren eine Verzweigung als eine Abweichung von einer direkten Schrittfolge des Algorithmus (fahre mit ... fort).

Bei der jetzigen Version von Algorithmus 2.1 fragen wir uns jetzt, ob wir die Schleife (Schritt 2b bis 2d) tatsächlich für alle n möglichen Teiler durchlaufen müssen. Eine separate Behandlung der beiden trivialen Teiler 1 und n würde nicht viel einbringen. Wir können uns aber zunutze machen, dass mit jedem Teiler t von n auch sofort der Komplementärteiler bezüglich t leicht als x = (n : t) erhalten werden kann. Aus jedem Teilschritt 2b, bei dem t | n wahr ist, kann man so die zwei Teiler t und (n : t) angeben.

Für unser Beispiel n = 4 bedeutet das: In der ersten Schleife (Nr. 1 bis 5) würden die beiden trivialen Teiler 1 und 4 ermittelt. Im nächsten Schleifendurchgang (Nr. 6 bis 8) fällt der „doppelte" Teiler 2 an. Es wird sich herausstellen, dass damit die Teilersuche nicht nur praktisch, sondern auch theoretisch beendet werden kann.

Die Anzahl der Teiler ist in unserem Beispiel für n = 4 ungerade, da |T(4)| = 3 ist.

Das eröffnet neue Fragestellungen wie:

1. Lässt sich die *Anzahl* der Teiler einer natürlichen Zahl abschätzen?
2. Wann tritt eine *gerade* bzw. *ungerade* Anzahl von Teilern auf?

Programmierung zu Algorithmus 2.1

Der Teilschritt 2 von Algorithmus 2.1 (1) ist für ein computerfähiges Programm noch zu wenig strukturiert. Ein solches Programm erfordert eine Darstellung in den von der jeweiligen Programmiersprache ausführbaren Anweisungen (Befehle). Wir verwenden hier als Programmiersprache durchweg BASIC in der Version *Visual*-BASIC. Damit ist eine Übertragung in jede andere höhere Programmiersprache möglich.

Die Formulierung in einer Programmiersprache soll nicht dazu dienen, eine Sammlung von Programmen für die behandelten Algorithmen zu gewinnen, sondern soll eine einheitlich strukturierte und strenge Darstellung der Algorithmen gewährleisten.

Für die Übersetzung des Struktogramms 2.1 (2) in ein Computerprogramm fehlt uns noch die praktische Durchführung der Teilbarkeitsprüfung, das heißt die praktische Lösung der Abfrage t | n. Dazu verwenden wir nun die **Mod**ulo-Funktion, die außer in BASIC auch in anderen Programmiersprachen zur Verfügung steht. Sie liefert uns den Rest r der Division zweier (beliebiger) Zahlen a und b. Der Divisionsrest r lässt sich mittels b **Mod** a rechnerisch bestimmen. Für unsere Teilbarkeitsprüfung t | n muss die Abfrage also (n Mod t = 0) heißen, da t ja genau dann ein Teiler von n ist, wenn der Rest r bei der Division von n durch t gleich Null ist.

Damit lässt sich ein *Visual*-BASIC-Programm zu Algorithmus 2.1 (2) formulieren:

Programm 2.1 (2) Teilermenge von $n \in \mathbf{N}$

```
Sub Teilermenge()
n = [B3] : Rem Übertragung des Inhalts der Zelle B3 auf n
t = 1 : i = 3 : Rem Anfangswerte für Testteiler t und Spaltenzähler i setzen
Rem Abfrageschleife mit Teilbarkeitsprüfung t teilt n und Spaltenzähler i
Do
    If (n Mod t = 0) Then Cells(4, i) = t : Let i = i + 1
    Let t = t + 1
Loop Until t > n
[B5] = "Anzahl der Teiler:" : [C5] = i - 3
End Sub
```

	A	B	C	D	E	F	G	H	I	J	K	L
1	Test	2.1 (2)		Teilermenge einer natürlichen Zahl								
2												
3	Welche Zahl?	512	**Klicke!**									
4	Die Teiler sind:		1	2	4	8	16	32	64	128	256	512
5	Anzahl der Teiler:		10									

Die verwendete Zahl n = 512 besitzt also genau zehn verschiedene Teiler. Die Teiler treten offenbar *paarweise* auf: (1, 512), (2, 256), (4, 128), (8, 64), (16, 32).

Hinweise zur Eingabe und Ausgabe unter *Visual*-BASIC (vgl. Anhang *S. 126 ff.*)

Visual-BASIC arbeit als Programm-Modul mit einer EXCEL-Tabelle. Das Programm liegt gewissermaßen unter einer Tabelle und kann auf die Zellen, Zeilen und Spalten der Tabelle zugreifen bzw. Werte in die Tabelle übertragen.

Die aus den anderen BASIC-Versionen bekannten INPUT- bzw. PRINT-Anweisungen werden unter *Visual*-BASIC vollständig durch Bezüge zu einer EXCEL-Tabelle ersetzt. Wenn man sich mit dieser Form der Eingabe bzw. Ausgabe von Daten angefreundet hat, erkennt man sehr viele Vorteile der Präsentation gegenüber den PRINT- und INPUT-Anweisungen. Insbesondere lassen sich auf EXCEL-Tabellen alle bekannten Werkzeuge der Tabellenkalkulation zur weiteren Verarbeitung anwenden.

Eingabe von Daten unter *Visual*-BASIC

Bei der Bestimmung der Teilermenge einer natürlichen Zahl benötigt man z. B. für die algorithmische Verarbeitung eine konkrete Zahl (Ziffernfolge). Diese wird über die Tastatur in eine vorbestimmte Zelle der EXCEL-Tabelle eingetragen. Der Name einer Zelle wird bestimmt aus einer Spalte und einer Zeile der Tabelle. So ist im Beispiel [B3] in der Spalte B die 3. Zelle (man denke an das bekannte Spiel *Schiffe versenken*). Die eckigen Klammern zeigen im Programm-Modul an, dass auf den konkreten Inhalt der Zelle B3 zugegriffen wird. Wurde in der Zelle B3 eine Zahl, im Test 2.1 (2) die Zahl 512 eingetragen, dann wird durch die *Visual*-BASIC-Anweisung

```
n = [B3]
```

der Variablen (Platzhalter) n der konkrete Wert der Zelle B3 (also 512) zugewiesen, was dem früheren INPUT n entspricht.

Ausgabe von Daten unter *Visual*-BASIC

Jeder Algorithmus und damit ein zugehöriges Programm erzeugt aus Eingabe-Daten Ergebnisse. Diese müssen vom Programm ausgegeben werden. Unter *Visual*-BASIC erfolgt das nicht mehr mittels PRINT-Anweisungen, sondern durch eine Übertragung in Zellen der zugehörigen EXCEL-Tabelle. Das Programm 2.1 (2) zur Ermittlung der Teilermenge von n soll also die verschiedenen Teiler in die Tabelle eintragen, aus der es den Wert von n entnommen hatte. Dies geschieht mittels der If-Then-Abfrage

```
If (n Mod t = 0) Then Cells(4, i) = t : Let i = i + 1
```

genau dann, wenn der aktuelle Testteiler t die Zahl n ohne Rest teilt. Mit Cells(4, i) = t wird jeder (erfolgreiche) Teiler t in der 4. Zeile der Tabelle in der i-ten Spalte abgelegt. Danach wird der Spaltenzähler i um 1 erhöht. Mit dem Anfangswert i = 3 werden damit die Teiler der Reihe nach in der 4. Zeile ab der 3. Spalte (C) eingetragen.

Die erklärenden unveränderten Texte müssen nicht vom Programm ausgegeben werden. Es ist ein Vorteil von *Visual*-BASIC, dass solche Texte direkt in Zellen der Tabelle eingetragen werden können und sich dort auch formatieren lassen.

Jetzt kann man noch die Anzahl der ermittelten Teiler als i - 3 in Zelle C5 so übertragen

```
[B5] = "Anzahl der Teiler:" : [C5] = i - 3
```

Eigentlich müsste man zuerst noch alte Werte in Zeile 4 ab Spalte C „löschen“.

Algorithmus 2.1 Teilermenge einer natürlichen Zahl (Teil 2)

Das Beispiel n = 4 legte es nahe, mit einem gefundenen Teiler t auch dessen Gegenteiler (n : t) mit anzugeben. Wenn die Abbruchbedingung t > n unverändert bleibt, so würden die Teiler von n doppelt ausgegeben. Das lässt sich dazu nutzen, die Abbruchbedingung zu optimieren. Bei der Schnelligkeit eines Computers wäre es heute nicht mehr sinnvoll, die Laufzeit eines Programms zu optimieren. Wenn die verbesserte Abbruchbedingung jedoch zu einer mathematischen Aussage führt, ist die Überlegung sinnvoll. Das ist bei unserem Problem 2.1 der Fall.

Die gefundenen Teilerpaare t, (n : t) müssen wir nur solange ausgeben, wie t < (n : t) oder bequemer $t^2 < n$ (nach Multiplikation mit t > 0) ist. Für $t^2 > n$ wiederholen sich die Teilerpaare. Für $t^2 = n$ ist t = (n : t), das heißt, dieser Teiler t ist seinem Gegenteiler gleich, und genau dann ist n eine Quadratzahl!

Wenn wir im Sinne einer Teilermenge jeden Teiler *genau einmal* ausgeben wollen, muss die Ausgabe der Teilerpaare durch

2b*: Falls t | n und t * t < n gilt, gib t und (n : t) als Teiler von n an

geleistet werden. Die „verbesserte“ Abbruchbedingung lautet dann

2d*: Falls t * t < n ist, fahre mit Schritt 2b* fort.

Für n = 512 genügt es also nun, bis t = 23 zu testen, da 23 · 23 = 529 > 512 ist.

Für n = 1024 (Quadratzahl von 32) wird jetzt der Teiler 32 wegen der Bedingung $t^2 < n$ im Schritt 2b* nicht mehr ausgegeben, um die Doppelausgabe zu unterbinden. Für den Fall einer Quadratzahl muss nach dem Verlassen der Schleife 2b* bis 2d* durch

3: Falls t * t = n ist, gib t als Teiler von n an

der noch fehlende Teiler t = (n : t) erfasst werden. Die damit vorliegende Eigenschaft, von n eine Quadratzahl zu sein, kann als zusätzliche Information angegeben werden:

3*: Falls t * t = n ist, gib t und „Es ist eine Quadratzahl!“ an.

Damit hat die Optimierung des Programms zu einer zusätzlichen Information geführt.

Die Berücksichtigung der oben genannten Änderungen ergibt zusammen mit einer neuen Durchnummerierung:

Algorithmus 2.1 (3) Teilermenge von $n \in \mathbf{N}$

1: Notiere die gegebene natürliche Zahl n

2: Setze Testteiler t auf 1

3: Falls t | n und t < (n : t) gilt, gib t und (n : t) als Teiler von n an

4: Erhöhe Testteiler t um 1

5: Falls t * t < n ist, fahre mit Schritt 3 fort

6: Falls t * t = n ist, gib t und „Es ist eine Quadratzahl!“ an

7: Falls n = 0 stoppe, sonst fahre mit Schritt 1 fort

Eigenschaften von Teilermengen

Über die Anzahl der Teiler von n lassen sich sofort einige einfache Aussagen machen:

- Die kleinste natürliche Zahl 1 hat *genau* einen Teiler.
- Alle natürlichen Zahlen $n > 1$ haben *mindestens* zwei verschiedene Teiler.
- Jede natürliche Zahl n hat *höchstens* n verschiedene Teiler.

Die auf der linken Seite gemachten Überlegungen führen zu interessanteren Aussagen zu den schon gestellten Fragen über die Anzahl der Teiler einer natürlichen Zahl:

Da die Teiler einer natürlichen Zahl immer *paarweise*, also t mit (n : t), auftreten, lassen sich folgende Feststellungen treffen:

- Die Anzahl der Teiler einer natürlichen Zahl n ist genau dann *gerade*, wenn die natürliche Zahl n k e i n e Quadratzahl ist, da wegen $t \neq (n : t)$ bzw. $t^2 \neq n$ jeder Teiler t von seinem Gegenteiler (n : t) verschieden ist.
- Für a l l e Quadratzahlen ist die Anzahl der Teiler immer *ungerade*, da das letzte der Teilerpaare t, (n : t) wegen $t = (n : t)$ bzw. $t^2 = n$ nur e i n e n Teiler liefert.

Eine wesentlich bessere, wenn auch nicht optimale Abschätzung für die Anzahl der Teilerpaare bzw. Teiler von n liefert die optimierte Abbruchbedingung $t \cdot t = t^2 > n$:

Da jede Zahl t, für die $t^2 \geq n$ ist, eine obere Schranke für die Anzahl der Teilerpaare ist, so ist $2 \cdot t$ eine obere Schranke für die Anzahl der Teiler von n. Eine verbesserte obere Schranke für die Anzahl der Teiler von n = 1024 ist $2 \cdot 32 = 64$, weil $32 \cdot 32 = 1024$ ist.

Test 2.1 (3) Teilermenge von n = 16

Nr.	Schritt	n	t	t | n	t < n / t	$t^2 = n$	Teiler
1	1	16					
2	2		1				
3	3			ja	ja		1, 16
4	4		2				
5	5				ja		
6	3			ja	ja		2, 8
7	4		3				
8	5				ja		
9	3			nein	ja		
10	4		4				
11	5				nein		
12	6					ja	4
13	6	Es ist eine Quadratzahl!					

E r g e b n i s: Die Teilermenge der Quadratzahl n = 16 ist T(16) = {1, 16, 2, 8, 4}.

Programm 2.1 (3) Teilermenge einer natürlichen Zahl

```
Sub Teilermenge()
Rem Eingabe der Zahl
[A3] = "Welche Zahl?"
n = [B3]
t = 1 : i = 3 : Rem Startwerte setzen
[B4] = "Die Teiler sind:"
While t * t < n
   If (n Mod t = 0) Then Cells(4, i) = t : Cells(5, i) = n / t : Let i = i + 1
   Let t = t + 1 : Rem Testteiler um 1 erhöhen
Wend
If t * t = n Then Cells(4, i) = t : [A5] = "Es ist eine Quadratzahl!"
End Sub
```

Test 2.1 (3) Teilermenge von n = 1024

	A	B	C	D	E	F	G	H
2								
3	Welche Zahl?	1024	Klicke!					
4		Die Teiler sind:	1	2	4	8	16	32
5	Es ist eine Quadratzahl!		1024	512	256	128	64	

Die natürliche Zahl n = 1024 besitzt also genau *elf* verschiedene Teiler, bestehend aus fünf Teilerpaaren mit $t \cdot t < n$ und dem Teiler t = 32 aus $t \cdot t = 32 \cdot 32 = 1024 = n$. Als Quadratzahl ist die Anzahl ihrer Teiler *ungerade*.

Teilbarkeit und Restklassenbildung

Zur Teilbarkeitslehre gehört die Bildung von Restklassen innerhalb der natürlichen Zahlen bezüglich eines Moduls a: Eine Restklasse bezüglich der festen natürlichen Zahl a (Modul) wird von allen natürlichen Zahlen gebildet, die bei der Division durch a den *gleichen* Rest r liefern. Offensichtlich kommen dabei nur die *genau* a verschiedenen Reste 0 bis a - 1 in Betracht, so dass es auch genau a *verschiedene* Restklassen bezüglich des Moduls a gibt.

Der Modul a = 2 liefert die Reste 0 und 1 und damit eine Einteilung aller natürlichen Zahlen in eine Restklasse aller geraden Zahlen (mit Rest = 0) und eine Restklasse aller ungeraden Zahlen (mit Rest = 1).

Gibt man a als festen Modul und r als festen Rest vor, so bestimmt b Mod a die Elemente einer Restklasse bezüglich a, falls b alle natürlichen Zahlen durchläuft.

Programmhinweise 2.1 (3) Teilermenge einer natürlichen Zahl

Hinweise zur Eingabe und Ausgabe siehe Programmhinweise 2.1 (2) auf *Seite 31*.

Funktionsweise von While-Wend-Schleifen

Wird eine While-Zeile erreicht, prüft das Programm, ob die hinter dem While stehende Bedingung erfüllt (wahr) ist. Ist das der Fall, wird der folgende Programmteil bis zum abschließenden Wend als dem Ende der Schleife (While End = Wend) ausgeführt und zu der zugehörigen While-Zeile zurückgekehrt. Falls die hinter While stehende Bedingung falsch war oder inzwischen durch den Programmablauf falsch geworden ist, wird hinter der Wend-Zeile fortgefahren. Im Gegensatz zur Do-Loop-Until-Schleife kann also die While-Wend-Schleife gleich von Anfang an übersprungen werden, wenn die Bedingung hinter dem While bereits ganz am Anfang falsch war.

```
While t * t < n
    If (n Mod t = 0) Then Anweisung
    Let t = t + 1
Wend
```

Die beiden Programmzeilen zwischen der While- und der Wend-Zeile werden solange ausgeführt, bis durch die Erhöhung von t die Bedingung t * t < n falsch wird. Für die beiden Fälle n = 1 und n = 2 wird mit dem Startwert des Testteilers t = 2 die While-Schleife vollständig übergangen. Eine Do-Loop-Until-Schleife wäre hier unbrauchbar.

Die BASIC-Standardfunktion b Mod a liefert uns den ganzzahligen Rest der Division von b durch a als Zahlenwert r < a, zum Beispiel 3 Mod 2 = 1, da 3 = 2 * 1 + 1 ist.

Zur Überprüfung der Zulässigkeit der Eingabe- bzw. Übernahmewerte

Für jedes Programm sollte immer eine Überprüfung der übernommenen Eingabewerte erfolgen, damit undefinierte Programmabstürze oder gar Endlosschleifen vermieden werden. Wir setzen zur besseren Übersichtlichkeit der Programme aber einschränkend voraus, dass für Zahlen keine Buchstaben eingegeben wurden.

Im Folgenden wird eine erste Möglichkeit zur Prüfung von Zahlwerten unter *Visual-*BASIC angegeben. Die Prüfung, ob der übertragene Wert eine natürliche Zahl im Fall des Algorithmus 2.1 ist, führt bei falscher Eingabe wie folgt einfach zum Abbruch

```
OK = (n > 0 And n = n \ 1)
If Not OK Then End
```

Es wird also erst aus den Bedingungen für die Zulässigkeit der aktuelle Wahrheitswert mit einer (oder mehreren) logischen Konjunktion(en) und dem Schlüsselwort And auf einer Variablen OK gebildet. Wenn die logische Negation (Not) des Werts von OK wahr ist, wird das Programm ohne eine Fehlermeldung mit End einfach beendet.

Eine elegantere Lösung der Zulässigkeitsprüfung der Eingabe in die EXCEL-Tabelle mit einer korrekten Fehlermeldung erfährt der Leser auf *Seite 56*.

2.1.2 Größter gemeinsamer Teiler und kleinstes gemeinsames Vielfaches

Mit dem Begriff der Teilermenge kann man zu dem Begriff der gemeinsamen Teiler zweier natürlicher Zahlen kommen.

Definition 2.2 Die Elemente der Schnittmenge gT(a, b) = T(a) $\cap$ T(b) heißen die gemeinsamen Teiler der beiden natürlichen Zahlen a und b.

Die nichtleere Schnittmenge zweier endlicher Teilermengen ist wieder endlich, folglich besitzt sie stets ein *größtes* Element. Dieses eindeutig bestimmte Element heißt der größte gemeinsame Teiler ggT(a, b) von a und b. Die Bildung der Schnittmenge ist stets *kommutativ*, es gilt also ggT(a, b) = ggT(b, a).

Problem 2.2 (1) Man bestimme für zwei beliebige natürliche Zahlen a und b ihren größten gemeinsamen Teiler ggT(a, b) = max gT(a, b).

Vom algorithmischen Standpunkt her gesehen, ist eine direkte Umsetzung der obigen ggT-Bildung recht umständlich. In der Unterrichtspraxis wird der ggT(a, b) heute aber meist gerade so ermittelt. Das ist möglich, weil das Verfahren an einzelnen Beispielen ausgeführt und nicht allgemein beschrieben wird. Es ist demgegenüber zu empfehlen, den ggT(a, b) auf einem anderen und viel einfacheren Weg zu ermitteln. Dieses sehr alte Verfahren wurde später von Euklid (ca. 350 v. Chr.) angegeben und heißt nach ihm Euklidischer Algorithmus. Dieser Algorithmus lässt sich in eine sehr einfache Form bringen, die zudem für den unterrichtspraktischen Einsatz geeignet ist.

Zur Ermittlung des größten gemeinsamen Teilers ggT(a, b) greifen wir auf die Division mit Rest (2.1) zurück. Danach gilt Folgendes:

Zu zwei beliebigen natürlichen Zahlen a und b gibt es stets zwei eindeutig bestimmte natürliche Zahlen q und r, so dass gilt

$$b = a \cdot q + r \text{ und } 0 \leq r < a.$$

Die Division mit Rest hat eine für uns sehr angenehme Eigenschaft. Sie lässt nämlich den ggT(a, b) in folgendem Sinne unverändert: Es gilt stets ggT(a, b) = ggT(r, a).

Führen wir jetzt die Division mit Rest aus, so erhalten wir ein neues Paar (r, a), das den gleichen größten gemeinsamen Teiler wie das Paar (a, b) hat, wobei allerdings $r < a \leq b$ gilt. Wir haben also genau einen der beiden Ausgangswerte a oder b verkleinert.

Falls der Rest r gleich Null ist, gilt ggT(0, a) = a und damit ggT(a, b) = a. Ist der Rest r ungleich Null, so kann man die Division mit Rest für das Paar (r, a) fortsetzen.

Für eine Bestimmung des kleinsten gemeinsamen Vielfachen kgV(a, b) von a und b verwenden wir den rechnerischen Zusammenhang $a \cdot b = \text{ggT}(a, b) \cdot \text{kgV}(a, b)$ aus der elementaren Zahlentheorie und lösen damit dann

Problem 2.2 (2) Man bestimme für zwei beliebige natürliche Zahlen a und b ihren größten gemeinsamen Teiler ggT(a, b) und zugleich ihr kleinstes gemeinsames Vielfaches kgV(a, b).

Beispiel 2.1 Größter gemeinsamer Teiler von a = 104 und b = 264

T(104) = {1, 2, 4, 8, 13, 26, 52, 104}

T(264) = {1, 2, 3, 4, 6, 8, 11, 12, 22, 24, 33, 44, 66, 88, 132, 264}

gT(104, 264) = T(104) ∩ T(264) = {1, 2, 4, 8} und damit

ggT(104, 264) = max gT(104, 264) = max {1, 2, 4, 8} = 8.

Darstellung im Venn-Diagramm für a = 104 und b = 264

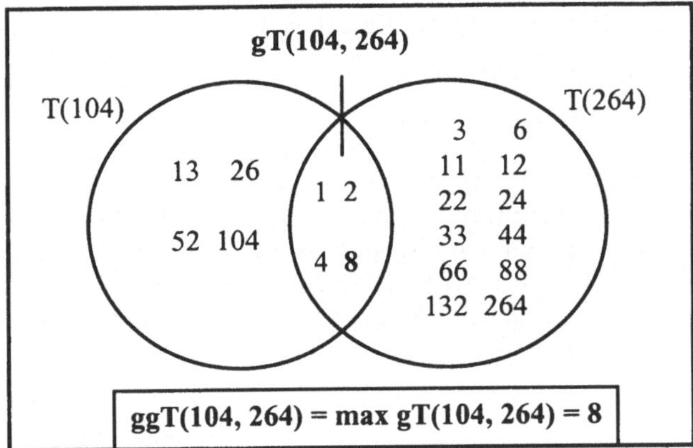

H i n w e i s
Die Schnittmenge von Teilermengen kann für beliebiges a und b nicht leer sein, da sie stets das Element 1 als einen trivialen Teiler jeder natürlichen Zahl enthalten muss.

Beispiel 2.2 Euklidischer Algorithmus für a = 104 und b = 264

Wegen	264 = 104 · 2 + 56	gilt	ggT(104, 264) = ggT(56, 104)
	104 = 56 · 1 + 48	gilt	ggT(56, 104) = ggT(48, 56)
	56 = 48 · 1 + 8	gilt	ggT(48, 56) = ggT(8, 48)
	48 = 8 · 6 + 0	gilt	ggT(8, 48) = ggT(0, 8) = 8

und damit ggT(104, 264) = 8.

Man sieht sofort, dass die Bedingung b > a (hier 264 > 104) gar nicht notwendig ist: Startet man nämlich mit b = 104 und a = 264, d. h. b < a, so erhält man formal:

Wegen	104 = 264 · 0 + 104	gilt	ggT(104, 264) = ggT(264, 104) und weiter
	264 = 104 · 2 + 56		und weiter wie oben bereits ausgeführt.

Für die Ermittlung des kleinsten gemeinsamen Vielfachen kgV(a, b) zweier natürlicher Zahlen benötigt man keinen eigenen Algorithmus, weil aus dem ermittelten ggT(a, b) durch eine bloße Division dessen Wert bestimmt werden kann. Damit stehen wegen ggT(a, b) > 0 auch Existenz und Eindeutigkeit des kgV(a, b) generell fest.

Beispiel 2.3 Kleinstes gemeinsames Vielfaches von a = 104 und b = 264

Aus 104 · 264 = 8 · kgV(104, 264) erhält man als E r g e b n i s : kgV(104, 264) = 3432.

Algorithmus 2.2 Bestimmung des größten gemeinsamen Teilers zweier Zahlen

Der Euklidische Algorithmus zeichnet sich dadurch aus, dass der Grundschritt Division mit Rest bis zum Eintreten einer bestimmten Bedingung (Rest gleich Null) ständig wiederholt wird.

Algorithmus 2.2 (1) Bestimmung des ggT(a, b)

1: Notiere die Zahlen a und b

2: Schätze das Ergebnis

3: Ermittle den Rest r aus der Division mit Rest (von b durch a)

4: Ersetze b durch a und dann a durch r

5: Falls r = 0 ist, gib b als den ggT an, sonst fahre mit Schritt 3 fort

6: Stoppe

Falls der Fall a > b vorliegt, werden im ersten Durchlauf des Algorithmus die Werte von a und b vertauscht. Der Algorithmus muss mit dem Ergebnis Rest r = 0 abbrechen, weil in jedem weiteren Schleifendurchlauf (Schritt 3 bis 5) der Wert von a mindestens um 1 bei der Division abnehmen muss. Die Anzahl der Schleifendurchgänge ist höchstens gleich n + 1, wobei n das Minimum von a und b ist.

Für die direkte Ermittlung des kgV(a, b) aus dem Ergebnis für den ggT(a, b) müssen wir beachten, dass der im Schritt 1 vorhandene Ausgangswert von a und b im Verlaufe des Algorithmus 2.2 (1) außer im Falle a | b in dem Schritt 4 verändert worden ist. Für eine Berechnung des kgV(a, b) müssen wir das benötigte Produkt p = a · b vor dem Eintritt in die Schleife 3 bis 5 bilden. Außerdem wollen wir aus formalen Gründen noch prüfen, ob die verwendeten Zahlen a und b natürliche Zahlen sind.

Das lässt sich durch die folgende Abfrageschleife erreichen:

Zulässigkeitsprüfung für die angegebenen Zahlen a und b

1a: Notiere die Zahlen a und b

1b: Falls a und b natürliche Zahlen sind, fahre mit 2, sonst mit 1a fort

Damit erhalten wir schließlich folgenden Gesamtalgorithmus

Algorithmus 2.2 (2) Bestimmung des ggT(a, b) und des kgV(a, b)

1a: Notiere die Zahlen a und b

1b: Falls a und b natürliche Zahlen sind, fahre mit 2, sonst mit 1a fort

2: Bilde das Produkt p = a · b

3: Ermittle den Rest r aus der Division mit Rest (von b durch a)

4: Ersetze b durch a und dann a durch r

5: Falls r = 0 ist, gib b als ggT und p / b als kgV an, sonst fahre mit 3 fort

6: Stoppe

Test 2.2 (1) Bestimmung des ggT(104, 264)

Nr.	Schritt	a	b	r	r = 0?	ggT
1	1	104	264			
2	2					≥ 2
3	3			56		
4	4	56	104			
5	5				nein	
6	3			48		
7	4	48	56			
8	5				nein	
9	3			8		
10	4	8	48			
11	5				nein	
12	3			0		
13	4	0	8			
14	5				ja	8

Ergebnis: ggT(104, 264) = 8

Die verwendete Eigenschaft ggT(a, b) = ggT(r, a) soll hier bewiesen werden:

Beweis 2.1 Euklidischer Algorithmus

Die Existenz und die Eindeutigkeit des größten gemeinsamen Teilers zweier natürlicher Zahlen hatten sich aus der Existenz und Eindeutigkeit des maximalen Elementes des Durchschnitts der nichtleeren Teilermengen gT(a, b) = T(a) $\cap$ T(b) ergeben.

Für den Euklidischen Algorithmus ist zu beweisen, dass ggT(a, b) = ggT(r, a) für zwei beliebige natürliche Zahlen a, b ist. Dabei ist $r \geq 0$ der eindeutig bestimmte Rest aus der Division mit Rest (2.1), wobei wir $a \leq b$ ohne eine Beschränkung der Allgemeinheit annehmen (sonst werden die beiden Zahlen einfach vertauscht).

Wir zeigen damit: Ist x ein Teiler von a und b, dann ist x auch ein Teiler von r.

Nach der Division mit Rest gilt: $b = a \cdot q + r$ mit $0 \leq r < a$ und $q, r \in \mathbf{N}_0 = \mathbf{N} \cup \{0\}$.

Damit ist $r = b - a \cdot q \geq 0$. Ist $x \mid a \Rightarrow a = x \cdot a^*$ und $x \mid b \Rightarrow b = x \cdot b^*$; $a^*, b^* \in \mathbf{N}$.

Damit ist $r = x \cdot b^* - x \cdot a^* \cdot q = x \cdot (b^* - a^* \cdot q) \geq 0$, und somit folgt $x \mid r$.

Wählen wir x = ggT(a, b), so gilt zunächst ggT(a, b) | r und damit ggT(a, b) | ggT(a, r).

Den noch fehlenden Nachweis, dass ggT(a, b) ≥ ggT(a, r) gilt
und damit schließlich dann auch ggT(a, b) = ggT(a, r) ist,
führe der Leser bzw. die Leserin selbst. ■

Programm 2.2 (1) Bestimmung des ggT(a, b)

```
Function ggT(a, b)
[A5] = "Der ggT von" : [C5] = "und" : [E5] = "ist"
Do
    r = b Mod a
    Let b = a
    Let a = r
Loop Until r = 0
ggT = b
End Function
```

	A	B	C	D	E	F	G
1	Test	2.2 (1)	Größter gemeinsamer Teiler zweier Zahlen				
2							
3	Gib zwei natürliche Zahlen ein!						
4		a?		b?			
5	Der ggT von	104	und	264	ist	8	

In Zelle F5 der Tabelle steht folgender Funktionsaufruf: **= ggT(B5;D5)**

Wenn man das kleinste gemeinsame Vielfache ebenfalls benötigt, benutzt man

Programm 2.2 (2) Bestimmung des ggT(a, b) und des kgV(a, b)

```
Sub ggTkgV()
[A3] = "Gib zwei natürliche Zahlen ein!"
a = [B5] : b = [D5] : Rem Übernahme der Eingabewerte aus der EXCEL-Tabelle
[A5] = "ggT(" : [C5:C6] = "," : [E5:E6] = ") =" : Rem Text in Zeile 5 und 6 setzen
[A6] = "kgV(" : [B6] = a : [D6] = b
p = a * b
Do
    r = b Mod a
    Let b = a
    Let a = r
Loop Until r = 0
[F5] = b
[F6] = p / b : Rem kgV aus Produkt p =  a * b und b = ggT(a, b) bilden
End Sub
```

Programmhinweise 2.2 Bestimmung des ggT(a, b) und des kgV(a, b)

Programm 2.2 (1) liefert als Function ggT(a, b) eine gemischte Text- und Wertausgabe innerhalb der Zeile 5 durch

```
[A5] = "Der ggT von" : [C5] = "und" : [E5] = "ist"
```

und dabei den Wert des ggT(a, b) als Funktionswert in der aufrufenden Zelle F5

5	Der ggT von	104	und	264	ist	8	

Die Ausgabe lässt sich noch weiter „normalisieren", um die uns gewohnte formelmäßige Darstellung zu erhalten:

	A	B	C	D	E	F	G
1	Test	2.2 (2)	Der ggT und das kgV zweier Zahlen				
2							
3	Gib zwei natürliche Zahlen ein!						
4		a?		b?		Klicke!	
5	ggT(	104	,	264	) =	8	
6	kgV(	104	,	264	) =	3432	

Hinweis zum Start- bzw. Schaltfeld Klicke!

Die Frage lautet: Wie wird unter *Visual*-BASIC ein Programm-Modul gestartet?

Direkte Ausführung mittels **Funktions-Modul**

In Test 2.2 (1) wird der ggT zweier natürlicher Zahlen nach jeder Einzeleingabe sofort in Zelle F5 als Wert berechnet, solange für die EXCEL-Tabelle die Standard-Option automatische *Neuberechnung* gewählt ist. Will man erst nach Eingabe der zweiten Zahl ein Ergebnis erhalten, muss man entweder für die Tabelle manuelle Neuberechnung wählen (Taste F9) oder ein Schaltfeld generieren. Ein Schaltfeld zum Anklicken lässt sich nicht nur grafisch z. B. als Knopf gestalten, sondern ist immer sinnvoll, wenn mehr als ein Einzelergebnis ermittelt und in die Tabelle übertragen wird.

Indirekte Ausführung mittels **Schaltfläche**

Es wird auf der EXCEL-Tabellenebene nach Rechtsklick in der oberen Menüzeile das Fenster *Formular* aktiviert. In der obersten Auswahlzeile findet man dort das Symbol „Schaltfläche" und klickt es an. Jetzt kann man an einer beliebigen Stelle der Tabelle mit der gedrückten Linksmaustaste ein Rechteck (als Schaltfläche) aufziehen.

Es fehlt nur noch die funktionelle Verknüpfung der Schaltfläche mit einem Programm-Modul. Mit Rechtsmausklick auf die Schaltfläche öffnet sich ein Bearbeitungsfenster. Man wählt die Option *Makro zuweisen* ... mit Linksklick aus, worauf sich das Fenster *Makro zuweisen* öffnet. Jetzt wählt man denjenigen Programm-Modul aus, den man der Schaltfläche zuordnen will und fertig. Beim Anklicken der Schaltfläche in der Tabelle wird der Programm-Modul als Sub-Programm gestartet.

2.1.3 Primzahleigenschaft

Definition 2.3 Eine natürliche Zahl p heißt Primzahl, wenn ihre Teilermenge T(p) genau zwei Elemente besitzt.

Die Aussage: Eine Primzahl hat keine echten, d. h. nur ihre trivialen Teiler 1 und p lässt Zweifel aufkommen, ob damit auch 1 eine Primzahl ist.

Hinweis: Nach der Definition 2.3 ist 1 keine Primzahl. Warum diese Definition sinnvoll ist, wird bei der Primfaktorzerlegung deutlich (siehe gegenüberliegende Seite).

Problem 2.3 Man stelle fest, ob eine gegebene natürliche Zahl n eine Primzahl ist.

Das Problem 2.3 ist mit dem Algorithmus 2.1 (Teilermenge einer natürlichen Zahl) grundsätzlich schon gelöst. Um die Anzahl der Teiler zu ermitteln, müsste man in dem Algorithmus nur die ermittelten Teiler formal zählen, um die Anzahl 2 der Teiler einer Primzahl danach abfragen zu können. Wenn man die Primzahleigenschaft von 9973 feststellen wollte, müsste man in dem Algorithmus 2.1 (2) alle Testteiler bis t = 100 testen, weil $99 \cdot 99 = 9801 < 9973$ ist.

Für n = 9972 könnte die Suche nach echten Teilern aber bereits mit dem Teiler t = 2 abgebrochen werden. Die weitere Suche bis t = 100 ist dann überflüssig. Da wir die Prüfung der Primzahleigenschaft zur Lösung weiterer Probleme wie Herstellung einer Primzahltabelle und Zerlegung in Primfaktoren als den Grundbaustein verwenden, ist es zweckmäßig, die Prüfung der Primzahleigenschaft einer natürlichen Zahl demgemäß zu vereinfachen.

Wir nutzen diese Vereinfachung zugleich dazu, die Lösung von Teilproblemen in einem Algorithmus als ein Funktions-Modul zu konzipieren. Es soll eine Funktion entwickelt werden, die zu jeder natürlichen Zahl (als Argument) als ihr Ergebnis den Funktionswert *wahr* oder *falsch* hat, je nachdem, ob das Argument n eine Primzahl ist oder nicht. Diese Funktion prim(n) kann dann später als eine „Black box" in weiteren Problemen eingesetzt werden.

Algorithmus 2.3 (F) als Funktion prim(n)

1: Setze Testteiler t auf 2

2: Setze Ergebnis für n > 1 auf den Wert „wahr", sonst auf „falsch"

3: Falls t ein Teiler von n ist, setze Ergebnis auf „falsch"

4: Falls t > 2 ist, erhöhe Testteiler t um 2, sonst erhöhe t um 1

5: Fahre mit Schritt 3 fort, bis t > (n : t) ist oder Ergebnis „falsch" wird

6: Gib für n = 2 „wahr", sonst Ergebnis als Funktionswert prim zurück

7: Kehre zum Funktionsaufruf zurück

Die (alternative) Bedingung n > 1 im Schritt 2 sorgt dafür, dass für 1 nicht „wahr" (Primzahl), sondern „falsch" der Ergebniswert ist. Die Bedingung n = 2 im Schritt 6 liefert für die einzige gerade Primzahl 2 das richtige Ergebnis „wahr".

Anmerkungen zur Primzahleigenschaft

Der Primzahlbegriff liefert Primzahlen als Bausteine des multiplikativen Aufbaus der natürlichen Zahlen: Jede natürliche Zahl $n > 1$ lässt sich (bis auf die Reihenfolge der Faktoren) eindeutig in ein Produkt von Primzahlen zerlegen (Fundamentalsatz). Die Eindeutigkeit der multiplikativen Zerlegung, z. B. $4711 = 7 \cdot 673$, ginge verloren, wenn man 1 als (kleinste) Primzahl zuließe, denn $4711 = 1 \cdot 7 \cdot 673 = 1 \cdot 1 \cdot 7 \cdot 673$. Deshalb ist 2 die *kleinste* und zugleich *einzige gerade* Primzahl.

Untersuchungen zur Verteilung der Primzahlen in **N** gehören mit zu den schwierigen Problemen der (höheren) Zahlentheorie. Eine elementare Aussage lässt sich jedoch zu den Primzahllücken machen: Zu *jeder* natürlichen Zahl k gibt es einen Abschnitt der natürlichen Zahlen von der Länge k, in dem *keine* Primzahl existiert!

Ist $k > 0$, so ist für $m = (k + 1)! = 1 \cdot 2 \cdot 3 \cdot ... \cdot k \cdot (k + 1)$ der Abschnitt von $m + 2$ bis $m + k + 1$ primzahlfrei.

Beispiel 2.4 $k = 4$, d. h. $m = 5! = 120$ und damit ist 122 bis 125 primzahlfrei.

Aufgabe 2.1 Bestimmen Sie eine Primzahllücke der Länge 10.

Test 2.3 (F) Ist prim(79) = wahr?

Nr.	Schritt	n > 1	Ergebnis	t	t = 2	t | n	$t^2 > n$
1	1			2			
2	2	ja	wahr				
3	3					nein	
4	4			3	ja		
5	5						nein
6	3					nein	
7	4			5	nein		
8	5						nein
9	3					nein	
10	4			7	nein		
11	5						nein
12	3					nein	
13	4			9	nein		
14	5						ja
15	6		wahr wird als Wert von prim(79) zurückgegeben				

Ergebnis: Die Aussage „79 ist eine Primzahl“ ist eine *wahre* Aussage.

Hinweis: Überzeugen Sie sich, dass für den zugelassenen Eingabewert $n = 1$ das Ergebnis von prim(1) der Wahrheitswert *falsch* und andererseits für die einzige gerade Primzahl prim(2) *wahr* ist.

Algorithmus 2.3 Primzahleigenschaft

Definitionsgemäß hat eine Primzahl genau zwei Teiler. Der Algorithmus muss also feststellen, ob die Zahl n genau zwei Teiler hat. Jede natürliche Zahl n, die keine Primzahl ist, hat außer den beiden trivialen Teilern 1 und n mindestens eine Primzahl als Teiler. Wir könnten also n auch auf Primteiler $p \neq n$ untersuchen. Dazu müssten wir jedoch eine Primzahltabelle zur Verfügung haben, was wir nicht voraussetzen wollen. Wir lassen also alle Teiler außer 1 und n zu.

Algorithmus 2.3 (1) Primzahleigenschaft von $n > 1$

1: Notiere die gegebene natürliche Zahl n

2: Hat n Teiler außer 1 und n, gib an: n „ist keine Primzahl“ und stoppe

3: Gib an: n „ist eine Primzahl“

4: Stoppe

Die Einschränkung $n > 1$ in Algorithmus 2.3 (1) besteht (vorläufig) zu Recht, da $n = 1$ sonst als Primzahl ausgewiesen würde. Was wir sicher wieder benötigen, ist die Prüfung der Teilbarkeit $t \mid n$. Diesen Einzelbaustein besitzen wir aber bereits aus der Lösung des Problems 2.1.

Müssen wir alle Teiler außer 1 und n durchprobieren? Von den geraden Teilern genügt es offenbar, $t = 2$ zu verwenden, da damit bereits die Teilbarkeit durch alle Vielfachen von 2, d. h. alle geraden Teiler, erfasst wird. Es wird nur $2 \mid n$ abgefragt. Den Fall $n = 2$ müssen wir dabei noch vorher prüfen. Anschließend wird der Reihe nach auf $t \mid n$ mit t ungerade abgefragt. Falls $t \mid n$ für ein $t < n$ zutrifft, ist n keine Primzahl.

Müssen wir im Falle einer Primzahl n alle $t < n$ tatsächlich auf $t \mid n$ abfragen? Was ist, wenn wir schon bei $t^2 > n$ abbrechen? Gäbe es einen Teiler von n mit $t^2 > n$, so würde für seinen Gegenteiler $(n : t)$ nach zulässiger Division der Ungleichung $t^2 > n$ durch $t > 0$ die Ungleichung $t > (n : t)$ gelten. Ein solcher Teiler von n wäre im bisherigen Ablauf des Algorithmus bereits aufgetreten, also n als Nichtprimzahl erkannt worden. Das leistet

Algorithmus 2.3 (2) Primzahleigenschaft von $n > 1$

1: Notiere die gegebene natürliche Zahl n

2a: Falls $n = 2$ ist, fahre mit Schritt 3 fort

2b: Falls $2 \mid n$ gilt, gib an: n „ist keine Primzahl“ und stoppe

2c: Setze Testfaktor t auf 1

2d: Erhöhe Testfaktor t um 2

2e: Falls $t^2 > n$ ist, fahre mit Schritt 3 fort

2f: Falls $t \mid n$ gilt, gib an: n „ist keine Primzahl“ und stoppe

2g: Fahre mit Schritt 2d fort

3: Gib an: n „ist eine Primzahl“

4: Stoppe

Test 2.3 (2) Ist n = 79 eine Primzahl?

Nr.	Schritt	n	n = 2	2 | n	t	$t^2 > n$	t | n
1	1	79					
2	2a		nein				
3	2b			nein			
4	2c				1		
5	2d				3		
6	2e					nein	
7/8	2f/2g						nein
9	2d				5		
10	2e					nein	
11/12	2f/2g						nein
13	2d				7		
14	2e					nein	
15/16	2f/2g						nein
17	2d				9		
18	2e					ja	
19	3	79 ist eine Primzahl					

Ergebnis: Die Zahl n = 79 ist eine Primzahl.

Insbesondere die Sonderrolle der einzigen geraden Primzahl 2 wird deutlicher im

Struktogramm 2.3 (2) Primzahleigenschaft

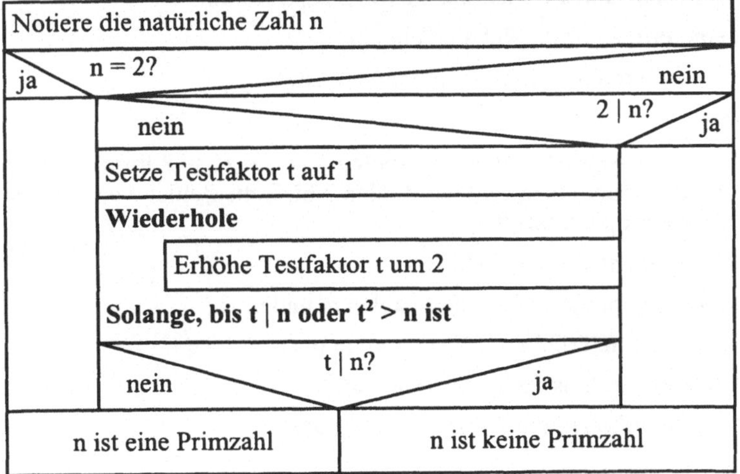

2.1.4 Primzahltabelle von 2 bis n

Wir wollen alle Primzahlen bis zu einem festen $n \in \mathbf{N}$ ermitteln (Primzahltabelle). Wenn man die Primzahleigenschaft von 9973 mittels einer solchen Tabelle feststellen will, hat man 1228 Primzahlen zu bestimmen, bis man auf 9973 als 1229-te Primzahl stößt. Dieses Verfahren ist also gegenüber einer direkten Primzahlprüfung durch den Algorithmus 2.3 aufwendig. Für die Primzahltabelle sucht man einen Algorithmus zum

Problem 2.4 Bestimme alle Primzahlen bis zu einer gegebenen natürlichen Zahl n.

Für die Behandlung von Problem 2.4 lässt sich der Algorithmus zu dem Problem 2.3 (Primzahleigenschaft) der Reihe nach einfach auf alle Zahlen 2 bis n anwenden. Es wird aber zu prüfen sein, ob sich dieses Verfahren nicht wesentlich verbessern lässt. Das könnte dadurch geschehen, dass die lokale Untersuchung nur einer Zahl durch ein globales Verfahren für alle Zahlen, die kleiner als n sind, ersetzt wird. Ein solcher sehr alter Algorithmus ist das Sieb des Erathostenes.

Nun die Lösung des Problems 2.4 mit der *direkten* Prüfung der Primzahleigenschaft:

Algorithmus 2.4 (1) Primzahltabelle von 2 bis n

1: Notiere die gegebene natürliche Zahl $n \geq 2$

2: Untersuche alle natürlichen Zahlen t von 2 bis n wie folgt:

2a: Falls t eine Primzahl ist, gib t als Teiler an

2b: Erhöhe t um 1

3: Stoppe

Der Aufwand lässt sich „halbieren", indem man außer $t = 2$ nur ungerade Zahlen auf Primzahleigenschaft überprüft:

Algorithmus 2.4 (2) Primzahltabelle von 2 bis n

1: Notiere die gegebene natürliche Zahl $n \geq 2$

2: Untersuche alle natürlichen Zahlen t von 2 bis n wie folgt:

2a: Falls t eine Primzahl ist, gib t als Teiler an

2b: Falls $t > 2$ ist, erhöhe t um 2, sonst erhöhe t um 1

3: Stoppe

Offensichtlich lassen sich die Algorithmen zum Problem 2.4 auf eine Primzahltabelle von m bis n verallgemeinern, indem man statt der Zahlen 2 bis n die Zahlen von m bis n auf Primzahleigenschaft wie folgt überprüft

Algorithmus 2.4 (3) Primzahltabelle von m bis n

1: Notiere die gegebenen natürlichen Zahlen m und n

2: Untersuche alle natürlichen Zahlen t von m bis n wie folgt:

2a: Falls t eine Primzahl ist, gib t als Teiler an

2b: Falls $t > 2$ ist, erhöhe t um 2, sonst erhöhe t um 1

3: Stoppe

Primzahltabelle von 2 bis 100

2	3	5	7	11	Es gibt genau 25 verschiedene
13	17	19	23	29	Primzahlen, die kleiner als 100 sind.
31	37	41	43	47	Bis n = 100.000 gibt es 9562 Primzahlen.
53	59	61	67	71	Allgemein lässt sich beweisen:
73	79	83	89	97	Es gibt unendlich viele Primzahlen.

Sieb des Erathostenes als das klassische Verfahren für eine Primzahltabelle

Zuerst streicht man alle echten Vielfachen von 2 aus der Tabelle der Reihe nach heraus. Dann streicht man alle echten Vielfachen der jeweils kleinsten noch nicht gestrichenen Zahl heraus: Also diejenigen von 3, 5, 7 usw. Man erkennt dann bald, dass man mit den echten Vielfachen von 7 (dunkle Felder unten) aufhören kann.

Tabelle zum Sieb des Erathostenes

	2	3	4	5	6	7	8	9	10
11	12	13	14	15	16	17	18	19	20
21	22	23	24	25	26	27	28	29	30
31	32	33	34	35	36	37	38	39	40
41	42	43	44	45	46	47	48	49	50
51	52	53	54	55	56	57	58	59	60
61	62	63	64	65	66	67	68	69	70
71	72	73	74	75	76	77	78	79	80
81	82	83	84	85	86	87	88	89	90
91	92	93	94	95	96	97	98	99	100

Ergebnis: Die nicht gestrichenen Zahlen sind nach den Streichungen keine *echten* Vielfachen irgendeiner natürlichen Zahl mehr, also sind sie Primzahlen, die genau zwei verschiedene Teiler haben.

Hinweis: Man erkennt, dass eine Vielzahl von Zahlen *mehrfach* gestrichen wurden. Es genügt deshalb, nur die *ungeraden* Vielfachen $t \cdot p$ einer noch nicht gestrichenen Zahl $p > 2$ zu streichen, wobei der Faktor $t \geq p$ ausreichend ist.

Das Siebverfahren lässt sich mit dem Computer simulieren. Der Aufwand dafür lohnt sich nicht, weil wir ein viel kürzeres Verfahren als Algorithmus 2.4 bereits besitzen.

Aufgabe 2.2
Weisen Sie nach, dass die Streichungen von $t \cdot p$ mit $t \geq p$ im Siebverfahren bereits für ein korrektes Ergebnis ausreichen.

Programm 2.4 (2) Primzahltabelle von 2 bis n

```
Sub Primzahltabelle()
n = [C3]
i = 3 : k = 5 : Rem Anfangsposition der Ergebnisse auf Zelle E3 setzen
For x = 2 To n
    If prim(x) Then Cells(i, k) = x : Let k = k + 1
Next x
End Sub
_______________________
Function prim(n)
Const falsch = 0, wahr = Not falsch : Rem Wahrheitskonstanten vereinbaren
t = 2
If n > 1 Then Ergebnis = wahr Else Ergebnis = falsch
Do
    If (n Mod t = 0) Then Ergebnis = falsch
    If t > 2 Then Let t = t + 2 Else Let t = t + 1
Loop Until t * t > n Or Ergebnis = falsch
If n = 2 Then prim = wahr Else prim = Ergebnis
End Function
```

Für den allgemeineren Fall eines Abschnitts natürlicher Zahlen hat man sofort

Programm 2.4 (3) Primzahltabelle von m bis n

```
Sub Primzahltabelle()
Rem Abschnittsgrenzen aus Tabelle übertragen
m = [B3] : n = [C3]
i = 3 : k = 5
For x = m To n
    If prim(x) Then
    Cells(i, k) = x : Let k = k + 1
    Let [D5] = [D5] + 1 : Rem Anzahl der Primzahlen um 1 in Zelle D5 erhöhen
    If k = 15 Then Let i = i + 1 : k = 5 : Rem Zeile nach je 10 Primzahlen umbrechen
    End If
Next x
End Sub
```

Programmhinweise 2.4 Primzahltabelle von 2 bis n

Als dritte Möglichkeit einer Wiederholung (Schleife) wird hier eingesetzt

```
For x = a To b (Step c)
    If prim(x) Then Cells(i, k) = x : Let k = k + 1
Next x
```

Der Name der Laufvariablen x, der Startwert a, der Endwert b und die Schrittweite c sind frei wählbar. Wird die Schrittweite c – wie hier – nicht explizit angegeben, so ist sie als c = 1 voreingestellt. Die Anweisungen bis zu dem Schleifenende Next (optional mit Angabe der verwendeten Laufvariablen) werden für $x = a, a + c, a + 2 \cdot c, \dots , b$ der Reihe nach wiederholt, bis x den Wert b überschreitet. Die Werte von a, b und c dürfen innerhalb der For-Next-Anweisung keinesfalls verändert werden!

Wie bei der Do-Loop-Until-Anweisung wird jede Laufanweisung jedoch mindestens einmal ausgeführt, also auch für den eigentlich unsinnigen bzw. sogar unzulässigen Fall, dass a größer als b ist.

In der ersten Befehlszeile des Funktions-Moduls prim(n) wird die Konstante falsch mit dem internen Wert 0 für den Wahrheitswert falsch belegt. Die Konstante wahr wird als logische Negation Not der bereits definierten Konstanten falsch (Not falsch) erzeugt.

If Bedingung **Then** Anweisung 1 **Else** Anweisung 2 ist eine logische Alternative im Sinne von Entweder-Oder:

```
If n > 1 Then Ergebnis = wahr Else Ergebnis = falsch
```

Ist die Bedingung (z B. $n > 1$) wahr, so wird die Anweisung 1 (hier: Ergebnis = wahr) ausgeführt, ist die Bedingung falsch, wird Anweisung 2 (Ergebnis = falsch) ausgeführt.

Direkte Verwendung eines Funktions-Moduls

Bei einem direkten Aufruf des Funktions-Moduls in einer Zelle der EXCEL-Tabelle mit dem Ausdruck = prim(*Wert*) erhält man unter *Visual*-BASIC etwa:

=prim(1)	ergibt	0
=prim(2)	ergibt	-1
=prim(673)	ergibt	-1
=prim(4711)	ergibt	0

Die beiden Wahrheitswerte „wahr“ bzw. „falsch“ werden also mit der Zahl -1 bzw. mit der Zahl 0 codiert. Falls man die verbalen Wahrheitswerte (wahr oder falsch) erzeugen möchte, so verwendet man die übliche WENN-Abfrage der Tabellenkalkulation

```
=WENN (prim(Zellenwert); "wahr"; "falsch")
```

in einer Zelle der EXCEL-Tabelle.

2.1.5 Zerlegung einer natürlichen Zahl in Primfaktoren (Teil 1)

Zu den ältesten Aussagen der Zahlentheorie gehört die Zerlegbarkeit einer natürlichen Zahl in ihre Primfaktoren. Wesentlich am Fundamentalsatz der Arithmetik ist dabei nicht die Existenz, sondern die Eindeutigkeit einer solchen Zerlegung:

> Jede natürliche Zahl $n > 1$ lässt sich eindeutig in ein Produkt von Primzahlen (Primfaktoren) bis auf die Reihenfolge der Faktoren zerlegen.

Hinweis: Dass die Eindeutigkeit der Zerlegung überhaupt eines Beweises bedarf, hat aus rein formalen Gründen als erster Carl Friedrich Gauß (1777 bis 1855) erkannt. Es gibt Zahlenbereiche (z. B. Gaußsche Ringe), in denen eine Zerlegung in Primfaktoren zwar existiert, aber nicht mehr eindeutig ist.

Die Eindeutigkeit der Zerlegung im Fundamentalsatz setzt aber voraus, dass 1 keine Primzahl ist. Würde man 1 als Primzahl zulassen, so gäbe es für jede natürliche Zahl beliebig viele Zerlegungen in Primfaktoren, etwa $6 = 2 \cdot 3 = 1 \cdot 2 \cdot 3 = 1 \cdot 1 \cdot 2 \cdot 3$.

Problem 2.5 Man bestimme für eine gegebene natürliche Zahl n ihre Zerlegung in Primfaktoren (Primfaktorzerlegung).

Problem 2.5 stellt uns vor eine typische Situation. Mit der Existenz und Eindeutigkeit der Zerlegung in Primfaktoren ist theoretisch das Ziel erreicht. Die Beweise sind jedoch alle nicht konstruktiv, das heißt, sie geben keinen Hinweis, wie man die Zerlegung *praktisch* gewinnen kann.

Wenn man eine Primzahltabelle hat, so wird man nacheinander versuchen, aus einer gegebenen Zahl Primfaktoren „herauszudividieren". Dabei steigt man innerhalb der Primzahltabelle mit 2 beginnend auf. Wo kann man dann abbrechen? Was kann man machen, wenn man gar keine Primzahltabelle zur Verfügung hat? Muss man sich eine solche Tabelle vorher beschaffen? Antwort: Nein! Wir benötigen für die Lösung des Problems 2.5 später nicht einmal mehr den formalen Begriff Primzahl.

Algorithmus 2.5 (1) Zerlegung in Primfaktoren

1a: Notiere die gegebene Zahl $n > 1$

1b: Falls n nicht zulässig ist, wiederhole Schritt 1a

2: Setze Testfaktor t auf 2

3: Solange $t \le (n : t)$ ist, führe Folgendes aus:

3a: Solange $t \mid n$ gilt, gib t als Primfaktor an und ersetze n durch $(n : t)$

3b: Erhöhe Testfaktor t um 1 und fahre mit Schritt 3 fort

4: Falls $n > 1$ ist, gib n als (letzten) Primfaktor an

5: Stoppe

Eine Beschleunigung der Zerlegung lässt sich durch das „Abschalten" aller geraden Testfaktoren für $t > 2$ erreichen:

3b*: Falls $t > 2$, erhöhe t um 2, sonst um 1 und fahre mit Schritt 3 fort

Test 2.5 (1) Primfaktorzerlegung von n = 100

Nr.	Schritt	n	t	$t^2 \le n$	t | n	n > 1	Angabe
1	1a	100					
2	2		2				
3	3			ja			
4	3a	50			ja		2
5	3a	25			ja		2
6	3a		2		nein		
7	3b*		3				
8	3			ja			
9	3a		3		nein		
10	3b*		5				
11	3			ja			
12	3a	5			ja		5
13	3a	1	5		ja		5
14	3b*		7		nein		
15	3			nein			
16	4					nein	

Ergebnis: Die Primfaktoren von 100 sind 2, 2, 5, 5.

Struktogramm 2.5 (1) Zerlegung in Primfaktoren

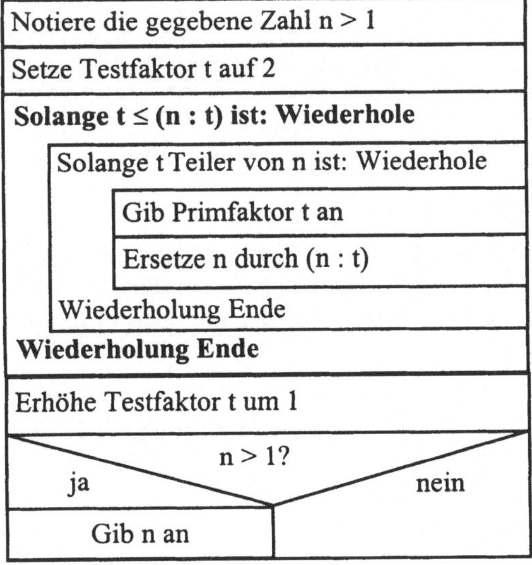

Die Zulässigkeitsprüfung aus Schritt 1b des Algorithmus 2.5 (1) für die Eingabe einer Zahl > 1 sieht so aus:

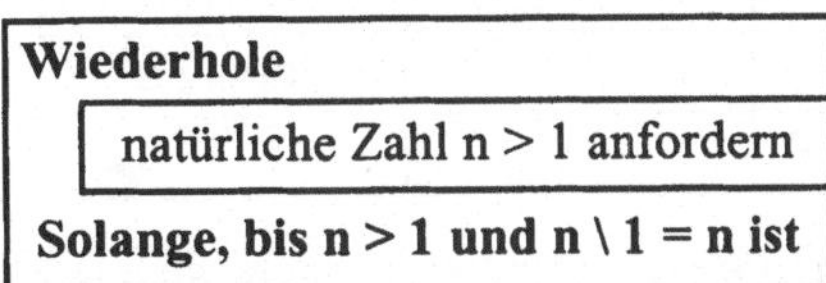

Dabei stellt \ als Rechenoperation die Ganzzahldivision dar, d. h., der Ausdruck a \ b liefert den *ganzzahligen* Anteil der Division a : b.

Eine weniger elegante Alternative wäre die Abfrage auf Ganzzahligkeit mithilfe der BASIC-Funktion Int(x) durch n = Int(n).

Programm 2.5 (1) Zerlegung in Primfaktoren

```
Sub Primfaktoren()
Rem Löschen der (alten) Ergebniszellen
[E3:IV3] = ""
Rem Eingabe eines Wertes für die natürliche Zahl n
n = [C3]
t = 2
Rem Ermittlung der Primfaktoren
i = 5
While t * t <= n
    While n Mod t = 0
        Cells(3, i) = t : Let i = i + 2
        Let n = n / t
        If n > 1 Then Cells(3, i - 1) = " * "
    Wend
    Let t = t + 1
Wend
If n > 1 Then Cells(3, i) = n
End Sub
```

Die Zerlegung für n = 100 sieht dann in der EXCEL-Tabelle so aus:

	A	B	C	D	E	F	G	H	I	J	K
1	Test	2.5 (1)		Zerlegung in Primfaktoren							
2											
3		Welche Zahl?	100	=	2	*	2	*	5	*	5
4			Klicke!								

Hinweis: Der Leser mache sich anhand von Test 2.5 (1) auf *Seite 51* klar, dass in dem Fall n = 100 die äußere While-Wend-Schleife nur genau zweimal durchlaufen wird. Das liegt daran, dass durch die sukzessive Abspaltung n / t der erfolgreichen Primteiler die Abbruchbedingung t * t = n nicht erst bei t = 10, sondern bereits bei t = 7 erfüllt ist.

Aufgabe 2.3
Zeigen Sie, dass im Algorithmus 2.5 die äußere While-Wend-Schleife für eine beliebige 2er-Potenz *genau einmal* durchlaufen wird. Gilt das auch
a) für jede 3er-Potenz?
b) für jede 4er-Potenz?
c) für jede 6er-Potenz?

Programmhinweise 2.5 Zerlegung in Primfaktoren

Schachtelung von Schleifen

In den bisherigen Programmen wurden einfache Schleifen (Do-Loop-Until-Schleifen, While-Wend-Schleifen, For-Next-Schleifen) verwendet. Schleifen lassen sich jedoch auch mehrfach ineinander schachteln, das heißt, in einer (äußeren) Schleife kann eine weitere (innere) Schleife verwendet werden usw.:

```
While Bedingung a
    While Bedingung b
        Anweisungen b, falls b wahr (ggf. auch weitere While-Wend-Schleifen)
    Wend
    Anweisungen a, falls a wahr
Wend
```

Falls am Anfang sowohl die Bedingung a als auch die Bedingung b wahr sind, werden die Anweisungen b solange wiederholt, bis die Bedingung b falsch wird. Dann werden die Anweisungen a ausgeführt. Falls die Bedingung a dann immer noch wahr ist, wird die innere Schleife erneut ausgeführt, falls in der äußeren Schleife durch die Anweisungen a die Bedingung b wiederum wahr ist. Der doppelte Wiederholungsprozess endet, sobald die Bedingung a (durch die Anweisungen a) falsch wird.

Die drei Schleifentypen (Do-Loop-Until, While-Wend, For-Next) können kombiniert werden. Die Wirkung richtet sich dann nach dem jeweiligen Schleifentyp.

Ausgabegestaltung der Primfaktorzerlegung

Die gewohnte Darstellung der Zerlegung in Primfaktoren (etwa $6 = 2 \cdot 3$) in einer sog. *Faktordarstellung* wird dadurch simuliert, dass für die Multiplikation das Textzeichen * verwendet wird. Es muss noch eine weitere Maßnahme erfolgen, um die Ausgabe von * nur dann vorzunehmen, wenn noch ein weiterer Primfaktor folgt:

```
If n > 1 Then Cells(3, i - 1) = " * "
```

Der letzte Primfaktor oder ein einziger „Primfaktor“ (Primzahl!) muss, falls am Ende n größer 1 ist, dann mittels

```
If n > 1 Then Cells(3, i) = n
```

nachgeschoben werden, sonst wird der Ablauf sofort abgeschlossen.

Test 2.5 Primfaktorzerlegung von n = 1024

	Welche Zahl?	1024	=	2	*	2	*	2	*	2	*	2	*
		Klicke!		2	*	2	*	2	*	2	*	2	

Hinweis: Aus Platzgründen erfolgt die Darstellung der Zerlegung hier in zwei Zeilen.

2.1.5 Zerlegung einer natürlichen Zahl in Primfaktoren (Teil 2)

Das Problem 2.5 ist zum folgenden Problem äquivalent:

Problem 2.5* Man zerlege eine gegebene natürliche Zahl n in möglichst k l e i n e Teiler, die g r ö ß e r als 1 sind.

In dieser Formulierung brauchen wir k e i n e Definition für den Begriff der Primzahl. Vielmehr ergeben sich bei der Zerlegung in die kleinsten Teiler gerade die Primzahlen. Wir gehen also davon aus, dass uns keine Primzahltabelle zur Verfügung steht. Diese Situation liegt im Allgemeinen bei der Benutzung eines solchen Algorithmus auf einer Rechenanlage vor.

Wir können sogar noch einen wesentlichen (mathematischen) Schritt weitergehen:
Die Zerlegung einer natürlichen Zahl n in möglichst kleine Faktoren t > 1 stellt – wie bei der Bestimmung des größten gemeinsamen Teilers – ein r e k u r s i v e s Problem dar.

Das Ausgangsproblem 2.5* wird dazu in zwei Teilprobleme zerlegt:

a) Bestimme den kleinsten Teiler t > 1 von n

b) Löse das Zerlegungsproblem jetzt für die (kleinere) Zahl (n : t)

Algorithmus 2.5 (2) Zerlegung in Primfaktoren (rekursive Form)

1: Notiere die gegebene (natürliche) Zahl n > 1

2a: Suche den kleinsten Teiler t mit 1 < t < n und gib ihn als t * an

2b: Falls Teiler gefunden, setze Schritt 2a mit n als Quotienten (n : t) fort

3: Falls n > 1 ist, gib n als den (letzten Prim-)Faktor an

4: Stoppe

Wie beim ggT(a, b) wird eine Zahl (hier n) schrittweise verkleinert, bis ein triviales Restproblem, hier die Zerlegung von n = 1, übrig bleibt.

Wesentlich an der rekursiven Lösung ist – anders als beim Euklidischen Algorithmus 2.2 zur Bestimmung des ggT(a, b) –, dass innerhalb einer Schleife (des Hauptprogramms) die Schritte 2a und 2b nicht durch eine Funktion (für 2a) und eine Division (für 2b) voneinander getrennt werden.

Nach der Ermittlung und Ausgabe des jeweils kleinsten Primfaktors t < n mit einem nachgestellten * -Zeichen (für die Multiplikation) ruft sich die Funktion Faktor() nun i n n e r h a l b der ermittelnden Funktion *selbst* mit dem (neuen) Argumentwert (n : t) wiederum auf. Die Funktion wird erst dann wieder mit einem (endgültigen) Funktionswert verlassen, wenn der aktuelle Argumentwert der letzte Primfaktor ist. Dieser (letzte) Wert wird erst dann im Schritt 3 ausgegeben.

Ein weiterer Unterschied zum ggT-Algorithmus 2.2 besteht darin, dass der Ausgangswert von n innerhalb des Algorithmus nicht wirklich geändert wird. Die Verwendung des Quotienten (n : t) ändert den ursprünglichen Wert von n selbst rechnerisch nicht, während beim ggT(a, b) die Ausgangswerte a und b rechnerisch sukzessive verändert und dann ersetzt werden.

Rekursives Prinzip

1. Rekursive Definition am Beispiel der mathematischen Fakultät

   Die Bildung von $n! = 1 \cdot 2 \cdot 3 \cdot ... \cdot (n - 1) \cdot n$ lässt sich rekursiv erklären:

   $0! = 1$ und $n! = (n - 1) \cdot n$ für $n \in \mathbf{N}$,

   etwa: $3! = 2! \cdot 3 = (1! \cdot 2) \cdot 3 = ((0! \cdot 1) \cdot 2) \cdot 3 = ((1 \cdot 1) \cdot 2) \cdot 3 = 1 \cdot 2 \cdot 3 = 6$.

2. Rekursive Lösung am Beispiel der Primfaktorzerlegung

   Die Lösung für $n = p_1 \cdot p_2 \cdot ... \cdot p_{k-1} \cdot p_k$ lässt sich rekursiv ermitteln als

   $n = 1$: kein Ergebnis, da 1 keinen Teiler $t > 1$ besitzt (keine Zerlegung)

   $n > 1$: Ergebnis = kleinster Teiler t " * ", Zerlegung von (n : t), sonst n als Ergebnis,

   etwa: 12 = 2 * PFZ(12 : 2) = 2 * 2 * PFZ(6 : 2) = 2 * 2 * 3 * PFZ(1) = 2 * 2 * 3.

Algorithmus und Rekursion

Jedes praktische Verfahren der Mathematik beruht auf einem Algorithmus. Das heißt die schrittweise Ausführung einer (wohldefinierten) vorhandenen Vorschrift mit der Lösung des Problems in endlich vielen konkreten Schritten. Das ist bereits bei den elementaren vier Grundrechenarten zur Lösung einer arithmetischen Aufgabe ebenso der Fall wie bei einer Durchführung der üblichen geometrischen Grundkonstruktionen (Lot, Parallele, Streckenhalbierung, Winkelhalbierung).

Die Behandlung eines praktischen mathematischen Problems mittels einer rekursiven Lösung ist in diesem allgemeinen Sinne ein spezielles algorithmisches Vorgehen in seiner elegantesten Form. Das Verstehen oder gar die Entwicklung eines rekursiven Vorgehens ist ein guter Prüfstein für die Fähigkeit zu mathematischem D e n k e n. Das sollte ja eigentlich das Ziel jeden mathematischen Unterrichts sein.

Die Formulierung eines rekursiven Algorithmus ist nicht nur eine interessante Aufgabe, sondern führt in der Regel auch zu einer besonders knappen und manchmal verblüffend einfachen Lösung des Ausgangsproblems. Aus didaktischer Sicht ist es zu bedauern, dass selbst im Mathematikunterricht der gymnasialen Oberstufe auf rekursive Lösungen meist ganz verzichtet wird.

Die praktische Ausführung eines rekursiven Algorithmus in einem Computerprogramm setzt eine rekursionsfähige Programmiersprache (wie *Visual*-BASIC) voraus und stößt dennoch häufig schnell an praktische Grenzen:

a) Die vom Computer standardmäßig darstellbare Zahlenlänge wird sehr schnell überschritten etwa bei der rekursiven Ermittlung von n! (Fakultät). Hier lässt sich die Grenze noch durch eine Verdoppelung der verwendeten Stellenzahl innerhalb der verwendeten Programmiersprache etwas hinausschieben.

b) Die Rekursionstiefe (Anzahl der Selbstaufrufe einer Funktion) kann schnell zu groß werden und der dafür zur Verfügung stehende „Daten-Keller" läuft über. Bei jedem Funktionsaufruf muss sich das Programm die aktuellen Argumente des jeweiligen Aufrufs und die Stelle merken, zu der es später der Reihe nach mit den aktuellen Werten wieder zurückkehren muss.

Programm 2.5 (2) Zerlegung in Primfaktoren (rekursiv)

```
Sub Primfaktoren()
n = [C3] : Rem Übernahme aus Zelle C3 mit Zulässigkeitsprüfung für n
If Not (n = n \ 1 And  n > 1) Then MsgBox "Bitte natürliche Zahl > 1!" : End
Rem Ausgabe der Primfaktoren ab der 5. Spalte (E) in Zeile 3
i = 5
n = Faktor(n, i) : Rem 1. Funktionsaufruf
If n > 1 Then Cells(3, i) = n : Rem bei n > 1 Ausgabe letzter Primfaktor
End Sub
_______________________

Function Faktor(n, i)
t = 2
While n Mod t > 0
    If t > 2 Then Let t = t + 2 Else Let t = t + 1
Wend
Rem Bei n > t Primfaktor t mit Malzeichen * ausgeben
If n > t Then Cells(3, i) = t : Cells(3, i + 1) = " * " : Let i = i + 2
If n = t Then Faktor = t Else Faktor = Faktor(n / t, i) : Rem Rekursiver Aufruf
End Function
```

Es ist an der Zeit, die schon angekündigte Zulässigkeitsprüfung mit einer (korrekten) Fehlermeldung nun wie folgt einzubauen:

	A	B	C	D	E	F	G	H	I
1	Test	2.5 (2)	Zerlegung in Primfaktoren						
2					Microsoft Excel				
3		Welche Zahl?	1	=	Bitte **natürliche** Zahl > 1!				
4			**Klicke!**		**OK**				
5									

Die Fehlermeldung (da 1 keine Zerlegung in Primfaktoren besitzt) im obigen Beispiel kommt wie folgt zustande: Der zusätzliche Programmteil

```
n = [C3] : Rem Übernahme aus Zelle C3 mit Zulässigkeitsprüfung für n
If Not (n = n \ 1 And n > 1) Then MsgBox "Bitte natürliche Zahl > 1!" : End
```

liefert in der Tabelle ein EXCEL-Fenster mit der angegebenen Fehlermeldung. Nach Klick auf OK und neuer Eingabe kann wieder durch Mausklick auf Klicke! gestartet werden. Es fehlt aber noch die Prüfung, ob überhaupt eine Zahl eingegeben wurde.

Programmhinweise 2.5 (2) Zerlegung in Primfaktoren (rekursiv)

Eine rekursive Programmlösung setzt stets ein Programm voraus, von dem eine rekursiv verwendete Funktion (hier Faktor(n, i)) aufgerufen wird. Die Rückkehr ins aufrufende Programm (Ebene 0) findet in der Regel erst statt, nachdem die verwendete Funktion sich bei ihrem Ablauf (ggf. mehrmals) selbst aufgerufen hat.

Man kann sich den Programmablauf etwa so vorstellen: Das Programm selbst ist das Erdgeschoss mit dem Hauseingang (Ebene 0). Der Aufruf der (rekursiven) Funktion

```
n = Faktor(n, i)
```

mit dem aus der Tabelle übertragenen Wert für n und i = 5 (für Spalte D) führt in das erste Obergeschoss (Ebene 1). Ohne einen weiteren rekursiven Aufruf würde man nach der Tätigkeit aus diesem ersten Geschoss wieder in das Erdgeschoss zurückkehren.

Bei einem rekursiven Aufruf steigt man mit den neuen Argumentwerten (n : t, i) eine Ebene höher, bevor jedoch die Arbeit im bisherigen Geschoss ganz beendet worden ist. Das setzt sich solange fort, bis das Dachgeschoss mit dem Abbruch (n = t) erreicht ist. Nun kehrt man in die darunter liegende Ebene zurück, beendet dort ggf. die Arbeit und steigt Etage für Etage mit den aktuellen Werten ab, bis man schließlich wieder das Erdgeschoss (Ebene 0) erreicht hat.

Dort wird das Programm nach der Zeile mit dem jetzt abgearbeiteten rekursiven Aufruf weiter fortgesetzt und dann das Haus durch den (Haus-)Eingang wieder verlassen.

Test 2.5 (3) Primfaktorzerlegung von n = 12 (rekursiv)

E	Aufruf	n	t	i	n > t	n = t	Angabe	Faktor =
1	Faktor(12, 5)	12	2	7	ja	nein	2 *	-
2	Faktor(12/2, 7)	6	2	9	ja	nein	2 *	-
3	Faktor(6/2, 9)	3	3	9	nein	ja	-	3
2	Faktor(6, 9)	3	3	-	nein	ja	-	
1	Faktor(12, 9)	3	3	-	nein	ja	-	
0	Programm	3	-	-			3	

Man beachte für den Test 2.5 (3) Folgendes:

- Die Spalte E gibt die Ebene; Spalte n gibt den aktuellen globalen Wert von n an.
- Die Spalte t nennt den aktuellen Wert t bei der Abfrage (n > t bzw. n = t).
- Die Spalte i gibt einen Wert von i nur bei einem weiteren Aufruf an.
- Der Funktionswert für Faktor(n, i) wird nur einmal in Faktor(3, 9) = 3 gesetzt.
- Der Funktionswert =3 wird in Ebene 3 gesetzt und in Ebene 0 als n angegeben.

2.2 Stellenwertsysteme in Q

Die Behandlung von Stellenwertsystemen kann verschieden motiviert sein. Man kann sich für den historischen Aspekt bei der Darstellung von Zahlen interessieren. Dabei würde deutlich werden, dass die Zahldarstellung in einem Stellenwertsystem zwar nicht die einzig mögliche Form der Darstellung, wohl aber die eleganteste und vor allem die zweckmäßigste ist. Man denke daran, dass die Römer gar kein und das sogenannte christliche Abendland lange kein Stellenwertsystem kannten.

Unter den Stellenwertsystemen ist das zur Basis 10 (Zehner- bzw. Dezimalsystem) für uns so stark ausgezeichnet, dass wir jede natürliche Zahl mit ihrer Darstellung im 10er-System identifizieren. Der Begriff der natürlichen Zahl ist jedoch von ihrer Darstellung in einem Stellenwertsystem unabhängig.

An der Dezimaldarstellung ist nicht die Schreibweise mit den zehn Dezimalziffern 0 bis 9, sondern das Stellenwertprinzip wesentlich. Jede Ziffer ist erst durch ihren Stellenwert, d. h. ihre Position innerhalb der Zahldarstellung, im Wert genau festgelegt. Eine Dezimalziffer stellt daher je nach ihrer Stellung in einer Dezimalzahl *verschiedene* Zahlwerte dar.

Wie gewinnt man ohne ein langes Herumprobieren für eine beliebige natürliche Zahl aus deren Dezimaldarstellung eine Darstellung in einem anderen Stellenwertsystem und umgekehrt? Lässt sich ein algorithmisches Verfahren auch auf die rationalen Zahlen (in Dezimalbruchdarstellung) erweitern?

Mathematische Motive für die Beschäftigung mit Stellenwertsystemen enthalten die Fragestellungen:

1. Lässt sich jede rationale Zahl in jedem Stellenwertsystem (eindeutig) darstellen?
2. Lassen sich Algorithmen für die Umwandlung der Zahldarstellung in ein anderes Stellenwertsystem angeben?
3. Unterscheiden sich Darstellungen einer Zahl in verschiedenen Stellenwertsystemen strukturell voneinander?
4. Ergeben sich Folgerungen für die Teilbarkeitsfragen in den verschiedenen Stellenwertsystemen?
5. Lassen sich für die Arithmetik in verschiedenen Stellenwertsystemen dennoch einheitliche Algorithmen angeben?

Im Folgenden werden Problemstellungen zu den ersten vier genannten Fragen untersucht, jeweils ein verbaler Algorithmus und ein zugehöriges *Visual*-BASIC-Programm angegeben. Die Beschäftigung mit nichtdezimalen Stellenwertsystemen kann und soll das Verständnis für das bevorzugte Dezimalsystem erweitern.

Neben dem gewohnten Dezimalsystem ist das Dualsystem zur Basis 2 nicht nur durch seine kleinstmögliche Basis, sondern auch durch dessen technische Verwendung in allen elektronischen Rechnern und Schaltungen ausgezeichnet. Das Dual- oder Binärsystem geht auf Gottfried Wilhelm Leibniz (1646-1716) zurück, der sich auch um den Bau einer mechanischen Rechenmaschine – allerdings erfolglos – bemüht hatte.

Einführende Beispiele

Nur gelegentlich machen wir uns die genaue Bedeutung der Dezimaldarstellung im 10er-System klar, wonach zum Beispiel gilt

$$144 = 1 \cdot 100 + 4 \cdot 10 + 4 \cdot 1 = 1 \cdot 10^2 + 4 \cdot 10^1 + 4 \cdot 10^0.$$

Man prüft einfach durch Ausrechnen nach, dass sich für 144 im Dualsystem folgende Darstellung ergibt

$$(144)_{10} = 1 \cdot 2^7 + 0 \cdot 2^6 + 0 \cdot 2^5 + 1 \cdot 2^4 + 0 \cdot 2^3 + 0 \cdot 2^2 + 0 \cdot 2^1 + 0 \cdot 2^0,$$

d. h. $(144)_{10} = 1 \cdot 128 + 1 \cdot 16 = (10010000)_2.$

Wenn wir den Dezimalbruch $x = 0{,}75$ im Dualsystem darstellen wollen, so finden wir etwa durch Probieren das Ergebnis $(0{,}75)_{10} = (0{,}11)_2 = 1 \cdot 2^{-1} + 1 \cdot 2^{-2}$.

Für den Dezimalbruch $x = 0{,}1$ dagegen lässt sich auch durch längeres Probieren keine (endliche) Dualbruchdarstellung ausfindig machen.

Bedeutung für elektronische Rechner

Ein mehr praktisches Motiv für Stellenwertbetrachtungen kann die Bedeutung des 2er-Systems (Dualsystem) für elektronische Schaltungen sein. Solche Schaltungen werden insbesondere in elektronischen Rechenanlagen stets in großer Anzahl verwendet. Der Zusammenhang mit dem Dualsystem ergibt sich daraus, dass sich Schaltelemente mit *genau zwei* verschiedenen Zuständen technisch leicht realisieren lassen.

Obwohl der Benutzer einer Rechenanlage bis zum Taschenrechner hin äußerlich wenig von der Verwendung des Dualsystems bemerkt, hat dieser Umstand für den Aufbau und die Arbeitsweise solcher Geräte erhebliche Konsequenzen. Der mathematische Hintergrund der Anwendung des Dualsystems wird durch die S c h a l t a l g e b r a beschrieben.

Die Realisierung von Rechenanlagen und elektronischen Schaltungen aus einzelnen Schaltelementen mit zwei Zuständen hat eine große praktische Bedeutung erhalten. Für das Arbeiten mit einer Rechenanlage ist die Kenntnis des Schaltungsaufbaus (Logik) heute weitgehend entbehrlich. Deshalb gehen wir darauf auch nicht näher ein.

Aus mathematischer und aus praktischer Sicht des Rechnens mit einem Computer ist jedoch folgender Sachverhalt s t r u k t u r e l l interessant und wesentlich:

Es ist prinzipiell unmöglich, z.B. den Dezimalbruch 0,1 in einen e n d l i c h e n Dualbruch umzuwandeln! Wie sich im Abschnitt 2.2.2 zeigen wird, ergibt die Dualdarstellung des Dezimalbruchs 0,1 einen p e r i o d i s c h e n Dualbruch. Wandelt man einen endlichen Abschnitt solcher Brüche wieder in einen Dezimalbruch zurück, ergibt sich immer ein Fehler, der natürlich von der verwendeten Stellenzahl abhängt.

Da ein Computer aber nur endlich viele Dualziffern verarbeiten kann, ergibt sich in der Dualarithmetik jedes Computers dann immer ein (abschätzbarer) Fehler, der sich bei sehr langen Rechnungen in unangenehmer Weise fortpflanzen und dadurch das spätere Dezimalergebnis mehr oder weniger stark verfälschen kann. In dem neuen Gebiet der I n t e r v a l l a r i t h m e t i k wurde eine Vielzahl von Fehlerabschätzungen entwickelt, die zu den Verfahrensfehlern die Aspekte einer endlichen Arithmetik berücksichtigen.

2.2.1 Darstellung natürlicher Zahlen in Stellenwertsystemen (Teil 1)

Auf den Beweis der Existenz und Eindeutigkeit der Darstellung einer natürlichen Zahl in jedem Stellenwertsystem verzichten wir. Die Beschreibung geeigneter Algorithmen zur Ermittlung einer solchen Darstellung ersetzt die Existenzaussage und wird überdies die Eindeutigkeit durchaus einsichtig machen.

Wir behandeln zuerst das Teilproblem der Darstellung einer natürlichen Zahl in einem beliebigen Stellenwertsystem. Wir gehen dabei von der eindeutigen Darstellung einer natürlichen Zahl n im traditionellen 10er-System (Dezimalsystem) aus.

Ein Stellenwertsystem wird durch eine Grundzahl (Basis) $g \in \mathbf{N} \setminus \{1\}$ vorgegeben. Die Ziffern in diesem System mit der Basis g sind dann 0, 1, 2,..., g - 1.

> **Definition 2.4** Die Darstellung einer natürlichen Zahl n in einem Stellenwertsystem mit der Basis g nennt man auch die g-adische Entwicklung von n.

Damit formulieren wir nun

> **Problem 2.6** Man gebe zur gegebenen Dezimaldarstellung einer natürlichen Zahl n deren g-adische Entwicklung zu einer festen Basis $g \in \mathbf{N} \setminus \{1\}$ an.

Die natürliche Zahl n ist in Dezimaldarstellung gegeben. Gesucht ist eine Darstellung im Stellenwertsystem mit der Basis g, d. h. $n = (a_k a_{k-1} \dots a_1 a_0)_g$ mit $a_i \in \{0, 1, \dots, g-1\}$.

Diese Gleichung ist eine Kurzform der Gleichung

$$n = a_k g^k + a_{k-1} g^{k-1} + \dots + a_1 g^1 + a_0 g^0 \qquad (2.2)$$

Nach dem Satz von der Division mit Rest gibt es für $n \in \mathbf{N}$ genau eine Darstellung als

1. Schritt: $n = q_1 \cdot g + r$ mit $0 \le r < g$ und $q_1, r \in \mathbf{N}_0$

Da der Divisionsrest r eindeutig bestimmt ist, stellt der Rest gerade den gesuchten Wert von a_0 in (2.2) dar. Der Wert des Koeffizienten q_1 von g ist dabei nach dem Satz von der Division mit Rest eine natürliche Zahl oder Null. In dem letzteren Fall können wir das Verfahren bereits beenden. Sonst ergibt sich als

2. Schritt: $q_1 = (a_k g^{k-2} + a_{k-1} g^{k-3} + \dots + a_2) g + a_1 = q_2 \cdot g + a_1$

Die Division von q_1 durch g liefert als Divisionsrest den Wert der gesuchten Ziffer a_1. Offensichtlich lässt sich der Prozess in einheitlicher Weise fortsetzen. Falls der Prozess nicht vorher abbricht, ergibt sich als

k-ter Schritt: $q_{k-1} = a_k \cdot g + a_{k-1} = q_k \cdot g + a_{k-1}$

Nach Division von q_{k-1} durch g fehlt uns nur noch der Wert von a_k. Dazu fahren wir einfach wie bisher fort:

k+1-ter Schritt: $q_k = 0 \cdot g + a_k = q_{k+1} \cdot g + a_k$

Die Division von q_k durch g liefert also im k+1-ten Schritt den Wert von a_k. Der Prozess bricht also spätestens nach k+1 Schritten ab, falls $a_{k+i} = 0$ ist für alle $i \in \mathbf{N}$.

Beispiele g-adischer Darstellungen

Wir untersuchen den zugelassenen Fall g = 10 am Beispiel n = 1234, um einen Einstieg in das allgemeine Verfahren zu gewinnen. Gesucht ist die bereits bekannte Darstellung im 10er-System für n = 1234, d. h. $1234 = 1 \cdot 10^3 + 2 \cdot 10^2 + 3 \cdot 10^1 + 4 \cdot 10^0$.

Die rechte Seite der Gleichung lässt sich auch noch anders schreiben, wie man durch Ausmultiplizieren nachprüft

$$1234 = (((\underline{1} \cdot 10 + \underline{2}) \cdot 10 + \underline{3}) \cdot 10 + \underline{4}).$$

Aus der sogenannten Horner-Darstellung lassen sich die Dezimalziffern der einzelnen Stellen nacheinander rückwärts (d. h. von hinten) gewinnen. Dividieren wir 1234 ganzzahlig durch die Basis 10, so erhalten wir aus dem Satz über die Division mit Rest die eindeutige Zerlegung

$$1234 = 123 \cdot 10 + \underline{4} \text{ (letzte Ziffer).}$$

Wiederholen wir die Division, so ergibt sich nacheinander

$$\begin{aligned} 123 &= 12 \cdot 10 + \underline{3} \text{ (vorletzte Ziffer)} \\ 12 &= 1 \cdot 10 + \underline{2} \text{ (zweite Ziffer)} \\ 1 &= 0 \cdot 10 + \underline{1} \text{ (erste Ziffer).} \end{aligned}$$

Jetzt übertragen wir das Verfahren auf eine andere Basis (g = 8). Dabei nützen wir aus, dass die Division mit Rest für jeden Divisor g ein eindeutiges Ergebnis hat.

Über die Länge der g-adischen Darstellung brauchen wir gar nichts zu wissen, da wir stets mit der Bestimmung der letzten Ziffer (Einer) beginnen und abbrechen, sobald der ganzzahlige Quotient Null wird. Das ist garantiert, da dieser ganzzahlige Quotient in jedem Schritt echt verkleinert wird. Es gilt

$$\begin{aligned} 1234 &= 154 \cdot 8 + \underline{2} \\ 154 &= 19 \cdot 8 + \underline{2} \\ 19 &= 2 \cdot 8 + \underline{3} \\ 2 &= 0 \cdot 8 + \underline{2}. \end{aligned}$$

Die Darstellung von 1234 im 8er-System ist also 2322. Man schreibt dafür kürzer

$$1234 = (2\,3\,2\,2)_8.$$

Bei einer Dezimaldarstellung lassen wir üblicherweise den Basis-Index 10 meist weg.

Jetzt überprüfen wir noch unser letztes Ergebnis. Es ist

$$2 \cdot 8^3 + 3 \cdot 8^2 + 2 \cdot 8^1 + 2 \cdot 8^0 = 2 \cdot 256 + 3 \cdot 64 + 2 \cdot 8 + 2 \cdot 1 = 1234$$

oder $(((2 \cdot 8 + 3) \cdot 8 + 2) \cdot 8 + 2) = (19 \cdot 8 + 2) \cdot 8 + 2 = 154 \cdot 8 + 2 = 1234.$

Aufgabe 2.4
Zur Dezimalzahl n = 1234 soll ihre Dualdarstellung (Basis g = 2) ermittelt werden.

Lösung: $1234 = (10011010010)_2$

Algorithmus 2.6 Darstellung einer natürlichen Zahl n zur Basis g

Für die Formulierung eines Algorithmus finden wir nun recht günstige Bedingungen vor. Die Länge der g-adischen Darstellung, d. h. den Wert von k, brauchen wir gar nicht zu kennen. Wir besitzen ja die gleichwertige Abbruchbedingung $q_i = 0$, die auch für den Wert n = 0 noch korrekt ist.

Algorithmus 2.6 (1) g-adische Darstellung einer natürlichen Zahl n

1: Notiere die Zahl n und die gewünschte Basis g

2: Bestimme den Rest r aus der Division n : g

3: Gib den erhaltenen Wert r an

4: Bestimme den Quotienten q aus $n = q \cdot g + r$

5: Ersetze den Wert von n durch den erhaltenen Wert von q

6: Falls n = 0 ist, stoppe, sonst fahre mit Schritt 2 fort

Es tritt jetzt ein praktisches Problem auf: Die ermittelten g-adischen Ziffern fallen im Algorithmus 2.6 (1) in der umgekehrten Reihenfolge $a_0, a_1, \ldots, a_{k-1}, a_k$ an. Es soll jedoch für die g-adische Darstellung die uns gewohnte Zahlenschreibweise erreicht werden. Außerdem soll noch die korrekte Eingabe von n und g abgesichert werden.

Algorithmus 2.6 (2) Darstellung einer natürlichen Zahl n zur Basis g

1a: Notiere die Zahl n und die gewünschte Basis g

1b: Falls n oder g unzulässig sind, fahre mit Schritt 1a fort

2: Bestimme den Rest r aus der Division n : g

3: Merke den erhaltenen Wert r

4: Bestimme den Quotienten $q = (n - r) / g$

5: Ersetze den Wert von n durch den erhaltenen Wert von q

6: Falls n > 0 ist, fahre mit Schritt 2 fort

7: Gib die Werte von r in umgekehrter Reihenfolge an und stoppe

Für eine algorithmische Umsetzung ist diese Formulierung noch zu „roh". Hier hilft uns jedoch das rekursive Prinzip wieder weiter (siehe Programmversion 2.6 (2)):

Wir generieren eine Funktion Ziffer(n, g), die so arbeitet:

- Wenn n > 0 ist, wird die Funktion rekursiv mit Ziffer(q, r) aufgerufen.
- Sobald n = 0 ist, kehrt die Funktion zum l e t z t e n Funktions-Aufruf zurück.
- Der l e t z t e Rest r wird als die e r s t e Ziffer a l s e r s t e s Zeichen gebildet.
- Nun kehrt die (rekursive) Funktion zum vorletzten Funktions-Aufruf zurück.
- Dort wird die vorletzte Ziffer als zweites Zeichen „angehängt" usw.
- Schließlich wird der zuerst erhaltene Rest als letzte Ziffer/Zeichen angehängt.

Test 2.6 (1) Entwicklung von n = 123 zur Basis g = 3

Nr.	Schritt	n	r	q	n = 0?	Angabe
1	1	123				
2	2/3		0			0
4	4			41		
5	5	41				
6	6				nein	
7/8	2/3		2			2
9	4			13		
10	5	13				
11	6				nein	
12/13	2/3		1			1
14	4			4		
15	5	4				
16	6				nein	
17/18	2/3		1			1
19	4			1		
20	5	1				
21	6				nein	
22/23	2/3		1			1
24	4			0		
25	5	0				
26	6				ja	

Ergebnis: $123 = 1 \cdot 3^4 + 1 \cdot 3^3 + 1 \cdot 3^2 + 2 \cdot 3^1 + 0 \cdot 3^0 = (11120)_3$

Struktogramm 2.6 (2) Darstellung einer natürlichen Zahl n zur Basis g

Notiere die Zahl n und die Basis g
Wiederhole
Bestimme den Rest r von n : g und merke den Wert r
Berechne den Wert q = (n - r) / g
Ersetze n durch den Wert von q
Solange n > 0 ist
Gib die gemerkten Werte von r in *umgekehrter* Reihenfolge an

Das Struktogramm 2.6 (2) kann noch nicht in ein lauffähiges Programm übersetzt werden, weil nicht geklärt ist, wie der „Merkvorgang" für die einzelnen Reste organisiert wird.

Ein Ansatz wäre, die Reste der Reihe nach als r(i) für i = 1, 2 usw. abzuspeichern und am Ende dann in der umgekehrten Reihenfolge anzugeben.

Eleganter ist aber, die Funktion Ziffer(n, g) *rekursiv* zu verwenden. Das leistet später die Programmversion 2.6 (2).

Programm 2.6 (1) g-adische Darstellung einer natürlichen Zahl

```
Sub gadn()
n = [A4] : g = [B4] : Rem Übernahme der Eingabewerte n und g
i = 4 : Rem Spaltenzähler i auf Anfang (D) setzen
Do
    r = n Mod g
    Cells(4, i) = r
    Rem n durch q aus n = q * g + r ersetzen
    Let i = i + 1
    Let n = (n - r) / g
Loop Until n = 0
End Sub
```

Programmversion 2.6 (1) wird nun um die Prüfung der Zulässigkeit der Eingabewerte für n und g ergänzt und in ein Hauptprogramm und eine Funktion Ziffer(n, g) zerlegt. Innerhalb der Funktion Ziffer(n, g) wird die Funktion dann rekursiv verwendet.

Programm 2.6 (2) g-adische Darstellung einer natürlichen Zahl (rekursiv)

```
Sub gadnr()
n = [A4] : g = [B4]
Rem Wahrheitswert OK für Daten bilden
OK = (g = g \ 1 And g > 1 And n = n \ 1 And n >= 0)
If Not OK Then MsgBox "Fehlerhafte Eingabe!" : End
[D4] = Ziffer(n, g)
End Sub
```

```
Function Ziffer(n, g)
Rem Rekursiver Funktionsaufruf
If n > 0 Then
    r = n Mod g
    Rem Stringfunktion Str$(r) wandelt Zahl r in Zeichen um
    z$ = Ziffer((n - r) / g, g) + Str$(r)
    Rem Zuweisung des Funktionswertes
    Ziffer = z$
End If
End Function
```

Programmhinweise 2.6 Darstellung einer natürlichen Zahl zur Basis g

Zur Umsetzung des Algorithmus 2.6 genügt es, eine Do-Loop-Until-Schleife zu verwenden, da mindestens *eine* g-adische Ziffer zu ermitteln ist. Der Ausgangswert von n wird im Programm schrittweise durch den ganzzahligen Quotienten q = (n - r) / g ersetzt. Der Ausgangswert von n bleibt aber in der Tabelle in Zelle A4 dabei unverändert.

Eine Programmvariante könnte darin bestehen, die Ziffernausgabe durch

```
Cells(4, i) = n Mod g  (mit dem Spaltenzähler i ab Spalte D = 4)
```

direkt auszuführen und n danach ohne die vorherige Bildung des Restes r zu ersetzen:

```
Let n = (n - n Mod g) / g
```

	A	B	C	D	E	F	G
1	Test	2.6 (1)	Darstellung einer Zahl n zur Basis g				
2	Gib die Zahl n und die Basis g ein!						
3	n?	g?					
4	1234	10	ergibt	4	3	2	1
5	Klicke!		in umgekehrter Reihenfolge				

Ein direkter Aufruf in Zelle D4 mit =Ziffer(A4;B4) erhält nicht nur den Eingabewert von n, sondern leistet vor allem die gewohnte Reihenfolge bei der Ziffernausgabe.

Das gelingt dadurch, dass vor einer Zuweisung der (ersten) Ziffer = r vor dem Ende der Funktion Ziffer(n, g) der Selbstaufruf der folgenden Ziffer((n - r), g) erfolgt. Durch die dann folgenden Selbstaufrufe arbeitet sich die Funktion bis zur führenden g-adischen Ziffer (höchster Stellenwert) vor. Dort ist die Abbruchbedingung n = 0 dann erfüllt.

Jetzt gibt der letzte Aufruf die Einerstelle an die aufrufende Funktion zurück. Mit

```
z$ = Ziffer((n - r) / g, g) + Str$(r)
```

wird die führende Ziffer zuerst angegeben und dann die jeweils nächste Ziffer an den vorhergegangenen Aufruf zurückgegeben und dort an die Zeichenkette z$ angehängt.

	A	B	C	D	E	F
1	Test	2.6 (2)	Darstellung einer Zahl n zur Basis g			
2	Gib die Zahl n und die Basis g ein!					
3	n?	g?				
4	1234	8	ergibt	2322		

2.2.1 Darstellung natürlicher Zahlen in Stellenwertsystemen (Teil 2)

Die Umwandlung der g-adischen Darstellung einer natürlichen Zahl n (Problem 2.6) liefert als Umkehrung

> **Problem 2.7** Man gebe zur g-adischen Darstellung einer natürlichen Zahl n deren Darstellung im 10er-System (Dezimaldarstellung) an.

Aus der g-adischen Darstellung (2.2) $n = a_k g^k + a_{k-1} g^{k-1} + ... + a_1 g^1 + a_0 g^0$ hatten wir die Horner-Darstellung $n = (...(a_k g + a_{k-1})g + a_{k-2})g + ... + a_2)g + a_1)g + a_0$ gewonnen. Man muss also (von vorn beginnend) eine g-adische Ziffer mit der Basis g multiplizieren, die nächste Ziffer addieren, die Summe wieder mit g multiplizieren usw., bis schließlich die letzte g-adische Ziffer addiert wurde. Als formalen Abschluss der Umwandlung wird der Wert der Basis g eingegeben. Die Umsetzung liefert

Algorithmus 2.7 Darstellung einer g-adischen Zahl als Dezimalzahl n

1: Notiere die zu der Darstellung gehörende Basis g

2: Setze Dezimalzahl n auf 0

3: Gib eine g-adische Ziffer a (von links nach rechts) an

4: Falls die eingegebene Ziffer a = g ist, gib n an und stoppe

5: Ersetze den Wert n durch $n \cdot g + a$ und fahre mit Schritt 3 fort

Wenn wir noch die Zulässigkeit der Basis g im Schritt 1 überprüfen, erhalten wir sofort

Programm 2.7 Darstellung einer g-adischen Zahl als Dezimalzahl n

```
Sub Dezimal()
[A2] = "Zu welcher Basis g > 1 gehört die Zahl?"
g = [B4]
If Not (g > 1 And g = g \ 1) Then MsgBox "fehlerhafte Basis!"
[D3] = "Gib die Ziffern von links nach rechts ein und schließe mit Wert von g ab!"
i = 4
Do
    a = Cells(4, i) : Let i = i + 1
    If a < g Then n = n * g + a
Loop Until a = g
[A4] = n : Rem Ergebnis in die Zelle A4 übertragen
End Sub
```

Aufgabe 2.5
Ergänzen Sie das Programm um eine Prüfung mit (korrekten) Fehlermeldung(en), ob die eingegebenen Ziffern zulässig sind.

Test 2.7 Umwandlung von n = $(11120)_3$ in eine Dezimalzahl

Nr.	Schritt	Eingabe	a = g?	n · g	n · g + a	= n
1	1	g = 3				
2	2					0
3	3	1				
4	4		nein			
5	5			0	1	1
6	3	1				
7	4		nein			
8	5			3	4	4
9	3	1				
10	4		nein			
11	5			12	13	13
12	3	2				
13	4		nein			
14	5			39	41	41
15	3	0				
16	4		nein			
17	5			123	123	123
18	3	3				
19	4		ja			123

Ergebnis: $(11120)_3 = ((((0 \cdot 3 + 1) \cdot 3 + 1) \cdot 3 + 1) \cdot 3 + 2) \cdot 3 + 0 = 123$

Struktogramm 2.7 Umwandlung einer g-adischen Darstellung in eine Dezimalzahl

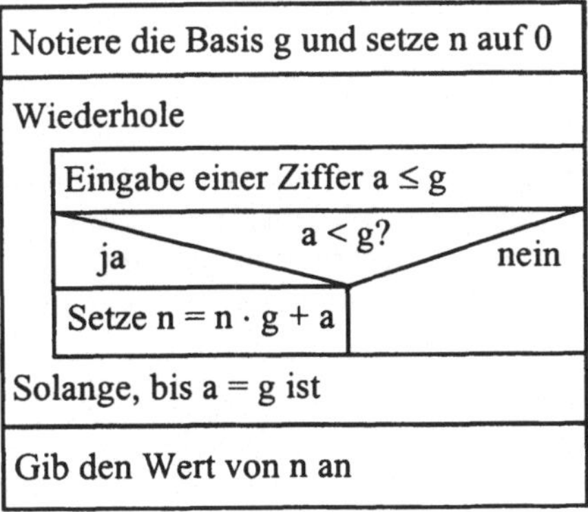

Bis auf die Prüfung der Zulässigkeit der Eingabewerte von g sowie der verbalen Eingabeaufforderungen entspricht das Struktogramm 2.7 dem Programm 2.7.

Die Abfrage a < g *in* der Schleife lässt sich vermeiden, wenn man vorher noch a = 0 setzt und die Abfrage am Schleifenbeginn erfolgt:

Wiederhole, Solange a < g ist:
Ersetze n durch n · g + a
Wiederholung Ende

2.2.2 Darstellung rationaler Zahlen in Stellenwertsystemen

Wir versuchen nun, die Darstellung von Zahlen in Stellenwertsystemen auf rationale Zahlen zu erweitern. Für den ganzzahligen Anteil einer rationalen Zahl behalten wir das Divisionsverfahren bei. Wenn wir für den restlichen Teil der Darstellung ein geeignetes Verfahren finden können, müssen wir beide Teildarstellungen dann nur noch zusammenzufügen, da jede rationale Zahl additiv aus ihrem ganzzahligen Anteil (der auch 0 sein kann) und dem restlichen Anteil (der ebenfalls 0 sein kann) aufgebaut ist.

Es sei eine *endliche* Dezimaldarstellung gegeben: $x = 0{,}z_{-1}z_{-2} \dots z_{-n}$ mit $z_{-i} \in \{0, 1, \dots, 9\}$.

Gesucht ist die g-adische Entwicklung $x = (0{,}a_{-1}a_{-2}a_{-3} \dots)_g$ mit $a_{-i} \in \{0, 1, \dots, g - 1\}$.

Diese Darstellung ist die Kurzform von $x = a_{-1}g^{-1} + a_{-2}g^{-2} + \dots + a_{-k}g^{-k} + \dots$ (2.3)

Wie Test 2.8 (vgl. *Seite 71*) zeigt, kann ein *endlicher* Dezimalbruch eine periodisch-*unendliche* g-adische Entwicklung haben (und auch umgekehrt). Wir müssen deshalb eine feste (maximale) Stellenzahl k für die g-adische Entwicklung von x vorgeben. Für die g-adische Entwicklung von x kann dann natürlich ein Abbruchfehler entstehen. Dieser Fehler wird höchstens g^{-k} betragen, da der vernachlässigte Rest der Entwicklung höchstens $g \cdot g^{-k-1}$ sein kann. Wählt man die Stellenzahl k also hinreichend groß, so kann man den Abbruchfehler kleiner als jede feste vorgegebene Schranke machen.

Problem 2.8 Man gebe für den endlichen Dezimalbruch x mit $0 < x < 1$ und eine feste Basis $g \in \mathbf{N} \setminus \{1\}$ den g-adischen Näherungswert x^* mit k Stellen an.

Für den Näherungswert x^* von x, der auch mit x identisch sein kann, können wir jetzt als endliche Horner-Darstellung von (2.3) verwenden

$$x^* = g^{-1}(a_{-1} + g^{-1}(a_{-2} + g^{-1}(\dots + g^{-1}a_{-k})\dots) = a_{-1}g^{-1} + a_{-2}g^{-2} + \dots + a_{-k}g^{-k} \quad (2.4)$$

Die Ziffern a_{-i} lassen sich dann wieder schrittweise bestimmen:

1. Schritt: $x^* \cdot g = a_{-1} + g^{-1}(a_{-2} + g^{-1}(\dots + g^{-1}a_{-k})\dots) = x_1 + a_{-1}$

Wegen $0 \le x^* < 1$ ist zunächst $0 \le x^* \cdot g < g$. Daher lässt sich $x^* \cdot g$ offenbar eindeutig in einen ganzzahligen Anteil (a_{-1}) und einen restlichen Anteil (x_1) mit $0 \le a_{-1} < g - 1$ und $0 \le x_1 < 1$ additiv zerlegen. Damit ist x_1 entweder ein echter Bruch oder aber Null. Im letzteren Falle können wir das Verfahren beenden. Im ersteren Fall kann der Schritt mit x_1 statt x wiederholt werden.

Folgeschritt: $x_1 \cdot g = a_{-2} + g^{-1}(a_{-3} + g^{-1}(\dots + g^{-1}a_{-k})\dots) = x_2 + a_{-2}$

Alle Überlegungen aus dem 1. Schritt treffen jetzt auf a_{-2} bzw. x_2 zu. Wir können also für $x_2 \neq 0$ weitere (von Null verschiedene) Ziffern bestimmen. Will man eine geforderte Genauigkeit der Entwicklung erreichen, so muss man das Verfahren solange fortführen, bis der Wert von g^{-k} für den aktuellen Schritt kleiner als die geforderte Genauigkeit K geworden ist.

Logarithmieren der Bedingung $g^{-k} < K$ ergibt für die Stellenzahl $k \geq (-\log K) / (\log g)$. An dem folgenden Beispiel 2.6 mit $x = 0{,}567$ und $g = 2$ erkennt man, dass die g-adische Entwicklung *nicht* abbrechen muss. Der Schritt wird deshalb solange wiederholt, bis die geforderte Anzahl von k Ziffern für die Näherung x^* ermittelt worden ist.

Beispiel 2.5 Der Dezimalbruch x = 0,567 ist zur Basis g = 10 zu entwickeln.

Auch für einen solchen Ausdruck, der nur *negative* Exponenten einer festen Basis g aufweist, lässt sich eine geschickte Klammerschreibweise angeben:

$$x = 0{,}567 = 5 \cdot 10^{-1} + 6 \cdot 10^{-2} + 7 \cdot 10^{-3} = 10^{-1}(\underline{5} + 10^{-1}(\underline{6} + 10^{-1} \cdot \underline{7})).$$

Die Bauart dieses Ausdrucks zeigt uns, wie man die einzelnen *Ziffern* der Darstellung bestimmen kann. Die Multiplikation mit der Basis 10 liefert uns

$$0{,}567 \cdot 10 = 5{,}67 = 0{,}67 + \underline{5} = 5 + 10^{-1}(6 + 10^{-1} \cdot 7).$$

Wenn wir den nicht ganzzahligen Anteil 0,67 erneut mit der Basis 10 multiplizieren, ergibt sich

$$0{,}67 \cdot 10 = 6{,}7 = 0{,}7 + \underline{6} = 6 + 10^{-1} \cdot 7$$

und schließlich

$$0{,}7 \cdot 10 = 7{,}0 = 0 + \underline{7}.$$

Damit liefert das Verfahren die Ziffernfolge 567 für die Dezimaldarstellung 0,567.

Beispiel 2.6 Der Dezimalbruch x = 0,567 ist zur Basis g = 2 zu entwickeln.

$$0{,}567 \cdot 2 = 0{,}134 + \underline{1}$$

$$0{,}134 \cdot 2 = 0{,}268 + \underline{0}$$

$$0{,}268 \cdot 2 = 0{,}536 + \underline{0}$$

$$0{,}536 \cdot 2 = 0{,}072 + \underline{1}$$

$$0{,}072 \cdot 2 = 0{,}144 + \underline{0}.$$

Offenbar bricht die weitere Entwicklung hier jedoch nicht ab. Dazu müsste ja der n i c h t g a n z z a h l i g e Anteil irgendwann *Null* werden. Bei der wiederholten Multiplikation mit 2 durchlaufen die *Endziffern* dieses Anteils die Zahlen 4, 8, 6, 2 und wiederholen sich dann. Die notwendige Endziffer 0 kann also *niemals* erreicht werden.

Im letzten Beispiel stehen für die Bildung des nicht ganzzahligen Anteils genau d r e i von Null verschiedene Ziffern zur Verfügung. Dieser Anteil kann so h ö c h s t e n s 999 verschiedene Werte annehmen, dann muss er sich wiederholen. Damit ist die zugehörige g-adische Entwicklung aber als p e r i o d i s c h erkannt. Da Null in der letzten Stelle hier nicht vorkommen kann, ist die maximale Periodenlänge kürzer als 999. Die tatsächliche Periodenlänge ist 100.

Nach diesem Beispiel können wir festhalten, dass sich Darstellungen in verschiedenen Stellenwertsystemen s t r u k t u r e l l unterscheiden können. Eine endliche Darstellung kann so in eine unendlich periodische übergehen. Das hat für die duale Arithmetik bei notwendig endlicher Stellenzahl von Computern weitreichende Konsequenzen.

Da man praktisch nur mit einer f e s t e n Stellenzahl rechnen kann, muss man stets den maximalen Abbruchfehler angeben, der bei einer solchen Umwandlung auftreten kann.

Aus dem Beispiel 2.6 erkennt man, dass der Abbruchfehler nach k Schritten 2^{-k} beträgt:

Für die 5 Schritte ergibt sich daraus $|0{,}567 - (0{,}10010)_2| < 2^{-5} = (0{,}00001)_2 = 1 / 32$.

Algorithmus 2.8 g-adische Näherung eines Bruches $0 \le x < 1$ auf k Stellen

Vorgegeben sind die Basis g, der Dezimalbruch x und die feste Stellenzahl k.

Wir setzen den Grundschritt zur Ermittlung einer g-adischen Ziffer in einer Schleife mit dem Stellenzähler i um. Die Schleife zur Bestimmung je einer g-adischen Ziffer wird dann verlassen, wenn der aktuelle Wert des Stellenzählers i mit dem gegebenen Wert k der Stellenzahl übereinstimmt. Innerhalb der Schleife wird nach der Multiplikation mit dem Wert von g der *ganzzahlige* Anteil des Produktes abgetrennt und dann als jeweilige g-adische Ziffer angegeben:

1: Notiere die Werte für g, x und k

2: Setze Stellenzähler i auf 0

3: Ersetze x durch $x \cdot g$

4: Ermittle den ganzzahligen Anteil [x] von x und gib ihn an

5: Ersetze x durch x - [x]

6: Falls x = 0 ist, stoppe

7: Erhöhe Stellenzähler i um 1

8: Falls i = k ist, stoppe, sonst fahre mit Schritt 3 fort

Der ganzzahlige Anteil [x] eines Dezimalbruches $x \ge 0$ lässt sich formal so definieren:

$$[x] := \text{Maximum } \{z \mid z \le x \text{ und } z \in \mathbf{Z}\}.$$

Verbal ist [x] definiert als die größte ganze Zahl, die kleiner oder gleich x ist (Gauß-Klammer).

Wir geben die ausführliche Formulierung des Schrittes 4 für unseren Fall $x \ge 0$ an:

4a: Setze den Wert von [x] auf 0

4b: Ersetze x durch x - 1

4c: Falls x kleiner 0 ist, gib den Wert von [x] an und stoppe

4d: Erhöhe den Wert von [x] um 1 und fahre mit Schritt 4b fort

Damit dieser verfeinerte Algorithmus als Algorithmus 2.8 eingesetzt werden kann, muss [x] noch durch den Wert nach dem letzten Schritt 4c und der Stopp in Schritt 4c durch eine Fortsetzung zum Schritt 5 ersetzt werden.

Grundsätzlich soll im Schritt 1 noch die Zulässigkeit der Eingaben geprüft werden:

1a: Notiere die Werte für g, x und k

1b: Falls g oder x oder k nicht *zulässig* ist, fahre mit Schritt 1a fort

Zulässigkeitsbedingungen:

a) Basis g als natürliche Zahl größer 1

b) Dezimalbruch x aus $0 \le x < 1$

c) Stellenzahl k natürliche Zahl.

Beispiel 2.7 x = 0,567 zur Basis g = 16 mit k = 3 Stellen

Wir testen Algorithmus 2.8 am Beispiel x = 0,567 und g = 16 (Hexadezimalsystem). Wir wollen dabei so viele Ziffern bestimmen, dass der Abbruchfehler kleiner als $5 \cdot 10^{-4}$ wird. Wir müssen dabei k so wählen, dass $16^{-k} < 5 \cdot 10^{-4}$ ist. Weil $16^{-3} < 2{,}5 \cdot 10^{-4}$ ist, reichen dazu also bereits 3 Ziffern völlig aus.

Test 2.8 Entwicklung von x = 0,567 zur Basis g = 16 mit k = 3 Stellen

Nr.	Schritt	x	k	i	[x]	x = 0?	i = k?	Angabe
1	1	0,567	3					
2	2			0				
3	3	9,072						
4	4				9			9
5/6	5/6	0,072				nein		
7/8	7/8			1			nein	
9	3	1,152						
10	4				1			1
11/12	5/6	0,152				nein		
13/14	7/8			2			nein	
15	3	2,432						
16	4				2			2
17/18	5/6	0,432				nein		
19/20	7/8			3			ja	

Ergebnis: $0{,}567 \approx (0{,}9\ 1\ 2)_{16} = 9 \cdot 10^{-1} + 1 \cdot 10^{-2} + 2 \cdot 10^{-3} \approx 0{,}5667$

Bemerkungen

1. Man erkennt, dass die Entwicklung nicht abbricht. Sie ist also periodisch, da nach der ersten Multiplikation mit der Basis 16 die Endziffer stets 2 ist.
2. Wir müssen die Ziffernfolge des Ergebnisses von oben nach unten lesen und auf Lücke schreiben, da im 16er-System auch 10, 11, 12, 13, 14 und 15 als Ziffern auftreten können, so dass wir zum Beispiel die Folge der Ziffern 1 2 von der Ziffer 12 unterscheiden müssen.

Aufgabe 2.6
Man ändere den Algorithmus 2.8 so ab, dass stets angegeben wird,
a) ob die Darstellung exakt oder
b) wie groß der maximale Fehler der Entwicklung ist.

Programm 2.8 g-adische Näherung auf k Stellen für Dezimalbruch x

```
Sub gadx()
Rem Übernahmen mit Zulässigkeitsprüfung
g = [A4] : k = [B4]
If Not (g \ 1 = g And g > 1 And k = k \ 1 And k > 0) Then MsgBox "Fehler!" : End
x = [C4]
If Not (0 < x And x < 1) Then MsgBox "falscher Wert!" : End
i = 0
    While x > 0 And i < k
        Let x = x * g
        Cells(4, 5 + i) = Int(x)
        Let x = x - Int(x)
        Let i = i + 1
    Wend
Cells(4, 5 + i) = ")" : Cells(4, 6 + i) = g
End Sub
```

Der Programmkern (inneres Rechteck) lässt sich in folgende Funktion umwandeln

Funktion 2.8 g-adische Näherung auf k Stellen für Dezimalbruch x

```
Function gBruch(g, k, x)
While x > 0 And i < k
    Let x = x * g
    Cells(4, 5 + i) = Int(x)
    Let x = x - Int(x)
    Let i = i + 1
Wend
gBruch = i
End Function
```

Die Funktion gBruch(g, k, x) gibt die erreichte Stellenzahl zurück. Dann kann die schließende Klammer und die Basis in der EXCEL-Tabelle angehängt werden.

Aufgabe 2.7

Ändern Sie die Funktionsprozedur gBruch(g, k, x) so ab, dass als Ergebnis

a) die Näherung als eine Zeichenkette

b) die Näherung als eine Dezimalzahl zurückgegeben wird.

Programmhinweise 2.8 g-adische Näherung eines Dezimalbruches

Die Eingaben der Basis g und der Stellenzahl k werden mit einer Zulässigkeitsprüfung und einer eventuellen Fehlermeldung abgesichert.

Die Eingabe des umzuwandelnden Dezimalbruches x wird mit einer eigenen Abfrage auf ihre Zulässigkeit geprüft und ggf. als Fehler in der Tabelle gemeldet.

Vor der eigentlichen Umwandlung zur Basis g wird zur Darstellung in der zugehörigen EXCEL-Tabelle der Wert von g, k und x, ein Gleichheitszeichen in Klammern und die Anfangsklammer der gesuchten g-adischen Darstellung in einzelne Zellen der Zeile 4 eingetragen.

Das Programm entnimmt wie üblich die Ausgangswerte g, k und x aus der EXCEL-Tabelle als dem Eingabemedium.

In der inneren Schleife (While-Wend) wird eine g-adische Ziffer solange ermittelt und angegeben, bis entweder die Nachkommastellen Null sind oder die geforderte Stellenzahl k der Näherung vom Stellenzähler i erreicht wird.

Zur Bildung der i-ten g-adischen Ziffer von x wird zunächst der Wert von x durch das Produkt x · g ersetzt, der ganzzahlige Anteil des Produktes kann mithilfe der BASIC-Funktion **Int(x)** direkt gebildet und ausgegeben werden. Die Differenz x - Int(x) liefert die Nachkommastellen des Produktes zur weiteren Verarbeitung in der Schleife.

Schließlich müssen die schließende Klammer der Darstellung und die gewählte Basis zur Identifizierung der g-adischen Näherung für x in die EXCEL-Tabelle eingetragen werden, wozu die erreichte Stellenzahl i zurückgegeben wurde.

A	B	C																							
Test	2.8	g-adische Näherung auf k Stellen für Dezimalbruch x																							
Gib die Basis g und die gewünschte Stellenzahl k ein!																									
g?	k?	0< x? < 1	Gib einen Dezimalbruch x mit 0 < x < 1 ein!																						
2	20	0,1	= (0,	0	0	0	1	1	0	0	1	1	0	0	1	1	0	0	1	1	0	0	1	)	2
		Klicke!																							

Die g-adische Näherung einer Dezimalzahl als Funktion gBruch(g, k, x)

Der Kernteil des Programms 2.8 lässt sich auch einfach als Funktion formulieren, die sich auch (ohne eigene Zulässigkeitsprüfung) *direkt* aufrufen lässt.

Die Basis g, die gewünschte Stellenzahl k und der Dezimalbruch x sind die Parameter der Funktion gBruch(g, k, x).

Vor der bisherigen While-Wend-Schleife wird der Vorspann „= (0," angegeben und der Stellenzähler i auf dem Anfangswert 0 gesetzt. Nach dem Verlassen der While-Wend-Schleife wird der Wert der Basis g als Funktionswert von gBruch zurückgegeben.

Aufgabe 2.8
Überlegen Sie, wie sich die Zulässigkeitsprüfung in die Funktion gBruch(g, k, x) mit einer Fehlermeldung bei unzulässigen Eingaben übernehmen lässt.

Algorithmus 2.9 Dezimaldarstellung eines g-adischen Bruches

Es bleibt nun noch die folgende Umkehraufgabe zum Problem 2.8 zu lösen

> **Problem 2.9** Man gebe für den g-adischen Bruch $x = (0{,}a_{-1}a_{-2} \ldots a_{-k})_g$ die zugehörige Dezimaldarstellung der Zahl x gerundet auf m Nachkommastellen an.

Gesucht ist die (genäherte) Dezimaldarstellung von x aus (2.3) gemäß (2.4)

$$x^* = a_{-1}g^{-1} + a_{-2}g^{-2} + \ldots + a_{-k}g^{-k} = g^{-1}(a_{-1} + g^{-1}(a_{-2} + g^{-1}(\ldots + g^{-1}a_{-k})\ldots)).$$

Wie der Test 2.9 (1) für $(0{,}112)_3 = 0{,}\overline{518}$ zeigen wird, kann die Dezimaldarstellung eines endlichen g-adischen Bruches mit k Nachkommastellen durchaus periodisch sein. Prinzipiell hätten wir schon in Algorithmus 2.7 bei der g-adischen Entwicklung solche periodischen Darstellungen zulassen müssen.

In der Praxis steht uns meist nur eine feste Stellenzahl zur Verfügung. Auf diesen Fall hin wollen wir den Algorithmus 2.9 einrichten. Die feste Stellenzahl für die Dezimaldarstellung sei m. Wenn wir für x und jede der Teilsummen in der Horner-Darstellung nur m Ziffern berücksichtigen, so kann ein Abbruchfehler entstehen.

Für diesen Fehler wollen wir eine obere Schranke gewinnen. Dazu nehmen wir an, dass jedes Teilergebnis auf genau m Stellen gerundet werden kann. Runden auf m Stellen heißt: Ist die (m+1)-te Ziffer kleiner als Fünf, also 0, 1, 2, 3 oder 4, so bleibt die m-te Ziffer unverändert, sonst wird sie um Eins erhöht.

Der maximale Fehler beim Runden auf m Stellen ist $5 \cdot 10^{-m-1} = 0{,}5 \cdot 10^{-m}$. Da wir genau k Schritte für die k vorliegenden g-adischen Ziffern ausführen, wird der Gesamtfehler höchstens $0{,}5 \cdot k \cdot 10^{-m}$. Da k eine feste Zahl ist, lässt sich durch ein Vergrößern der Stellenzahl m der Abbruchfehler unter jede feste Schranke herab drücken.

Algorithmus 2.9 (1) Dezimaldarstellung eines g-adischen Bruches

1: Notiere die Basis g und die Stellenzahl m

2: Setze x auf 0

3: Notiere die nächste Ziffer a des g-adischen Bruches von rechts

4: Falls a = g ist, gib x an und stoppe

5: Ersetze x durch $g^{-1} \cdot (x + a)$ und runde x auf m Stellen

6: Fahre mit Schritt 3 fort

Anmerkungen zu Algorithmus 2.9 (1)

1. Die Ziffern der vorgegebenen g-adischen Entwicklung werden von rechts nach links verarbeitet. Als 1. Ziffer nach der Eingabe der Basis g und der Stellenzahl m ist a_{-k} anzugeben, dann a_{-k+1} bis a_{-1}. Die Eingabe wird durch ein (zweites) g abgeschlossen, da wir wiederum die Verwendung von Indizes vermeiden wollen.
2. Der Rundungsvorgang auf m Stellen wird im Struktogramm 2.9 (1) auf der rechten Seite in Einzelschritte aufgelöst.

Test 2.9 (1) Dezimaldarstellung von $x = (0,112)_3$ für $m = 5$

Nr.	Schritt	g	x	a	a = g?
1	1	3			
2	2		0		
3/4	3/4			2	nein
5/6	5/6		0,66667		
7/8	3/4			1	nein
9/10	5/6		0,55556		
11/12	3/4			1	nein
13/14	5/6		0,51852		
15/16	3/4			3	ja

Ergebnis: $(0,112)_3 \approx 0,51852 = 0,\overline{518} + 0,00000\overline{148}$

Nach unserer Abschätzung ist der Fehler höchstens $0,5 \cdot 3 \cdot 10^{-5}$. Der wahre Fehler ist kleiner als $1,5 \cdot 10^{-6}$, da $(0,112)_3 = 0,\overline{518}$; er ist also eine Zehnerpotenz günstiger.

Struktogramm 2.9 (1) Runden von x auf m Nachkommastellen

Notiere Wert x und Stellenzahl m
Ersetze x durch $x \cdot 10^m$
Addiere 0,5 zum Wert x
Bilde den ganzzahligen Anteil [x] von x
Multipliziere [x] mit 10^{-m}
Gib das Rundungsergebnis an

Beispiel 2.8

$x = 0,6666666...$ $m = 5$

$x \cdot 10^5 = 66666,666666...$

$x + 0,5 = 66667,166666...$

$[x] = 66667$

$[x] \cdot 10^{-5} = 0,66667$

Rundungsergebnis: 0,66667

Fehlerabschätzung für das Beispiel 2.8:

Der Fehler bei einer *Rundung* auf 5 Stellen beträgt so höchstens $0,5 \cdot 10^{-5} = 0,000005$. Soll der Gesamtfehler etwa höchstens 10^{-5} sein, so müssen mindestens 6 Stellen verwendet werden, da $2 \cdot 10^{-6} < 10^{-5}$ ist.

Aufgabe 2.9
Man bestimme den Gesamtfehler für m Stellen bei einer korrekten Rundung des Gesamtergebnisses ohne eine Rundung bei den k Teilschritten.

Programm 2.9 (1) Dezimaldarstellung eines g-adischen Bruches 0 < x < 1

```
Sub Dezimalx()
Dim x As Double
g = [D4]
If Not (g \ 1 = g And g <= 10 And g > 1) Then MsgBox "Basis unzulässig!" : End
Rem Eingabe der Nachkommastellen als Zeichenkette
b$ = [B4]
    For i = Len(b$) To 1 Step -1
        z$ = Mid$(b$, i, 1)
        Let x = (x + Val(z$)) / g
    Next i
[F4] = x
End Sub
```

Für den Inhalt des Rechtecks lässt sich wieder eine Funktion formulieren, die dann auch wieder direkt mit konkreten Argumenten in der Tabelle aufgerufen werden kann.

Programm 2.9 (2) Dezimaldarstellung eines g-adischen Bruches 0 < x < 1

```
Sub Dezimalx()
g = [D4]
Rem Zulässigkeitsprüfung mit Fehlermeldung
If Not (g \ 1 = g And g <= 10 And g > 1) Then MsgBox "Basis unzulässig!" : End
b$ = [B4]
[F4] = Dezimal(g, b$)
End Sub
______________________________
Function Dezimal(g, b$)
Dim x As Double
For i = Len(b$) To 1 Step -1
    z$ = Mid$(b$, i, 1)
    Let x = (x + Val(z$)) / g
Next i
Dezimal = x
End Function
```

Programmhinweise 2.9 Dezimaldarstellung eines g-adischen Bruches

Um eine getrennte Eingabe jeder einzelnen g-adischen Ziffer mit einem <Return> zu vermeiden, benutzten wir die Eigenschaft von Programmiersprachen, *Zeichenketten* als Datentyp *string* darzustellen und zu verarbeiten. Es reicht für unsere Zwecke aus, wenn wir eine Zeichenkette als Folge von höchstens 255 Ziffern oder Buchstaben verstehen.

Das äußere Kennzeichen einer Zeichenkette ist die Einschließung in (hochgestellte) Anführungszeichen. Die Variablen vom Typ *string* werden stets durch ein nachgestelltes $-Zeichen von den numerischen Variablen unterschieden: z. B. b$ statt b, wobei dann beide Namen im gleichen Programm zu zwei *verschiedenen* Platzhaltern führen.

Damit ist es nun möglich, neben dem numerischen Wert für die Basis g, die g-adischen „Ziffern" als eine Zeichenkette zu verarbeiten. Die Anführungszeichen können bei der Eingabe in der Tabelle weggelassen werden:

A	B	C	D	E	F
Test	2.9 Dezimaldarstellung eines g-adischen Bruches				
Gib die Stellen nach dem Komma ein!			g?	Gib die Basis g mit g <= 10 ein!	
(0,	00011001100110011001	)	2	=	0,09999942779541020000

Beschreibung der Zeichenkettenverarbeitung

Unter ihrem Namen b$ kann die eingegebene Zeichenkette verarbeitet und angegeben werden. Die Standardfunktion **Len(b$)** gibt die *Anzahl* der Zeichen des strings b$ an. Der Ausdruck Len(b$) hat in unserem Fall den Wert 20 (=20 g-adische Ziffern).

Die eigentliche numerische Verarbeitung der g-adischen Ziffern erfordert den Einsatz von zwei weiteren Standardfunktionen:

Mid$(b$, i, k) schneidet aus der Zeichenkette b$ eine Teilkette vom i-ten Zeichen mit der Länge k aus. Wenn k = 1 ist, entsteht eine „Zeichenkette" mit genau einem Zeichen, die danach in eine g-adische Ziffer umgewandelt werden soll.

Wir können also jede eingegebene „Ziffer" herausschneiden, aber noch nicht numerisch verarbeiten. Die Kette z$ aus einem Zeichen muss erst zu einer Zahl gemacht werden:

Val(z$) wandelt die Zeichenkette z$ in eine Zahl um. Enthält die Zeichenkette dabei jedoch nicht nur Ziffern, ist der „Wert" die Zahl 0, sonst die zugehörige Dezimalzahl:

- Val("ABC") ergibt die Zahl 0, Val("123") die Dezimalzahl 123.

Stringfunktionen lassen sich auch schachteln: Val(Mid$(2, "123", 1) liefert die Ziffer 2.

Die BASIC-Laufanweisung For i = Len(b$) To 1 Step -1 arbeitet eine Zeichenkette b$ *rückwärts* ab: In unserem Beispiel von i = 20 absteigend, bis i = 1 ist.

Programm 2.9 (2) zeigt die Verarbeitung mit einem Funktions-Modul Dezimal(g, b$). Er ermittelt als den Funktionswert den Dezimalwert der g-adischen Darstellung aus einer Zeichenkette b$. Die Funktion lässt sich auch wieder direkt aufrufen: z. B. als =Dezimal(2, "00011001100110011001").

2.2.3 Teilbarkeit und Teilbarkeitskriterien

Die Teilbarkeitseigenschaft a | b zweier natürlicher Zahlen ist eine Relation auf der Menge der natürlichen Zahlen. Sie ist daher unabhängig von der Darstellung der beiden Zahlen in einem Stellenwertsystem. Die zur Teilbarkeit a | b äquivalente Gleichung $a \cdot x = b$ ist also entweder in allen oder aber in keinem Stellenwertsystem (eindeutig) lösbar.

Insbesondere bleibt der Satz von der Division mit Rest in allen Stellenwertsystemen gültig, da dessen Beweis nur die Eigenschaften der natürlichen Zahlen, nicht aber ihrer g-adischen Entwicklung verwendet. Was sich ändert, ist die Bestimmung der Zahlen q und r in der Darstellung $b = a \cdot q + r$ mit $0 \leq r < a$. Arithmetische Rechenoperationen finden stets innerhalb *eines* Stellenwertsystems statt. Rechenoperationen lassen sich von einem in ein anderes Stellenwertsystem (bei natürlichen Zahlen) leicht übertragen.

Anders ist es bei Teilbarkeitskriterien. Sie hängen von der g-adischen Darstellung einer natürlichen Zahl ab. Sei $x = x_k x_{k-1} \ldots x_1 x_0$ die Dezimaldarstellung einer natürlichen Zahl x. Hier gelten die bekannten (dekadischen) Teilbarkeitskriterien:

$2 \mid x$	$\Leftrightarrow$	$2 \mid x_0$	$4 \mid x$	$\Leftrightarrow$	$4 \mid x_1x_0$	
$5 \mid x$	$\Leftrightarrow$	$5 \mid x_0$	$25 \mid x$	$\Leftrightarrow$	$25 \mid x_1x_0$	(2.5)
$10 \mid x$	$\Leftrightarrow$	$10 \mid x_0$	$100 \mid x$	$\Leftrightarrow$	$100 \mid x_1x_0$	

Obwohl wir vorher festgestellt haben, dass die Teilbarkeitseigenschaft vom jeweiligen Stellenwertsystem unabhängig ist, ergibt sich doch eine Abhängigkeit von der Basis bei den Teilbarkeitskriterien.

Diese hängen nämlich sehr wohl von der verwendeten Basis g ab. Wir fragen uns zuerst: Wie kommt man denn zu den Teilbarkeitskriterien in dem Dezimalsystem? Wir schreiben ausführlicher

$$x = x_k 10^k + \ldots + x_1 10 + x_0 = (x_k 10^{k-2} + \ldots + x_2)10^2 + x_1 10^1 + x_0 10^0.$$

Der Ausdruck in der Klammer ist für $k \geq 2$ eine natürliche Zahl a, so dass wir für alle mindestens dreiziffrigen Dezimalzahlen $x = a \cdot 10^2 + x_1 \cdot 10^1 + x_0 \cdot 10^0$ mit $a \in \mathbf{N}$ erhalten.

Die Bedingung $k \geq 2$ können wir fallen lassen, wenn wir zulassen, dass a, x_1 und x_0 auch Null werden dürfen.

Die Teilbarkeitskriterien im Dezimalsystem erhält man jetzt mühelos so:

Sei t ein Teiler der Basis 10. Das sind außer dem trivialen Teiler 1 die Zahlen 2, 5, 10. Ist nun 2 oder 5 oder 10 auch ein Teiler von x_0, so teilt die Zahl jeden Summanden in der Darstellung $x = a \cdot 10^2 + x_1 \cdot 10^1 + x_0 \cdot 10^0$ und dami x, wenn man die Summenregel: Aus t | b und t | c folgt t | (b + c) voraussetzt.

Mit der allgemeinen Differenzregel:
Aus a | b und a | c und $b \geq c$ folgt a | (b - c)
schließt man dann aus t | x und t | x_0 auf t | 10 zurück, wenn man noch berücksichtigt, dass $x - x_0 = (a \cdot 10 + x_1) \cdot 10 \geq 0$ ist.

Beispiele

Teilbarkeit in der Menge der natürlichen Zahlen bedeutet, dass in der (eindeutigen) Darstellung $b = a \cdot q + r$ mit $0 \le r < a$ der (eindeutige) Rest $r = 0$ ist:

- $4711 = 673 \cdot 7 + 0$ heißt 7 bzw. 673 sind (echte) Teiler der Zahl 4711

Wandelt man die Dezimaldarstellung der Zahlen 4711, 673, 7 und 0 in ihre Darstellung zur Basis g um, so behält der Rest 0 in jedem g-adischen System den Wert 0, also die Teilbarkeitseigenschaft bleibt bei jedem Basiswechsel invariant.

Für g = 8 erhält man zum Beispiel die Divisionsdarstellung

- $4711 = (4711)_8 = (1241)_8 \cdot (7)_8 + (0)_8$,

wobei die Multiplikation und die Addition dann in der g-adischen Arithmetik erfolgen müssen. Auch die Eindeutigkeitsbedingung $0 \le r < a$ bleibt beim Wechsel der Basis erhalten, da die Ordnungsrelationen $\le$ und $<$ von einer Darstellung der verwendeten Zahlen unabhängig sind.

Beispiele zu den dekadischen Teilbarkeitskriterien:

a) x = 21300, alle Teilbarkeitskriterien sind erfüllt. Wir benutzen dabei, dass wegen $a \cdot 0 = 0$ jede natürliche Zahl als Teiler von Null aufgefasst werden kann.

b) x = 11125, die Teilbarkeitskriterien ergeben: 5 und 25 sind Teiler; 2, 4, 10, 100 sind keine Teiler von 11125.

Aus der Dezimaldarstellung $124 = 1 \cdot 10^2 + 2 \cdot 10^1 + 4 \cdot 10^0$ folgt wegen $2 \mid 10$ zunächst

$2 \mid 4 \Leftrightarrow 2 \mid 124$, da 2 ein Teiler *aller* Summanden ist.

Die Teilbarkeit der *letzten* Ziffer durch 4 reicht für die Teilbarkeit der Zahl durch 4 nicht aus, wie man am Beispiel x = 14 erkennt. Die Zahl 124 ist durch 4 teilbar, weil die Zahl 24 durch 4 teilbar ist:

$4 \mid (100 + 24)$, da $4 \mid 100 \wedge 4 \mid 24$.

Die Teilbarkeitseigenschaften $2 \mid 124$ und $4 \mid 124$ ändern sich nach dem obigen Ergebnis sicher nicht, wenn man zur g-adischen Darstellung übergeht. Bei einem Basiswechsel gelten die Teilbarkeitskriterien (2.5) dennoch nicht mehr allgemein:

Sei die Basis g = 3. Für $(12)_3$ teilt 2 die letzte Ziffer, 2 teilt $(12)_3 = 1 \cdot 3 + 2 = 5$ nicht!

2 ist aber Teiler von $(112)_3 = 1 \cdot 3^2 + 1 \cdot 3^1 + 2 \cdot 3^0 = 14$, also versagt das Kriterium.

Der Grund für das Versagen des Kriteriums ist leicht festzustellen. Da 2 kein Teiler der Basis g = 3 ist, versagt die Beweisführung aus der Dezimaldarstellung mit g = 10.

Da g = 3 keine echten Teiler hat, reduzieren sich die *Dezimalkriterien* für die Basis g = 3 auf den folgenden allgemeinen Fall:

Ist die *letzte* Ziffer einer g-adischen Darstellung der Zahl x Null, so ist die Zahl x durch die Basis g teilbar: $3 \mid x \Leftrightarrow x_0 = 0$ bzw. allgemein $g \mid x \Leftrightarrow x_0 = 0$.

Praktische Teilbarkeitsregeln außerhalb des gewohnten Dezimalsystems erscheinen als Spielerei. Es kommt aber vielmehr darauf an, Schülern und Schülerinnen die relative Zufälligkeit bzw. Abhängigkeit von der Basis prinzipiell vor Augen zu führen.

2.3 Iterationen in Q

Die Probleme im Kapitel 2.1 Teilbarkeit in **N** führten zu Algorithmen und Programmen, die in *endlich* vielen praktischen Schritten die Lösung des jeweiligen Problems lieferten. In dem vorigen Kapitel 2.2 Stellenwertsysteme in **Q** trat bei einer Umwandlung von Dezimalbrüchen in eine g-adische Darstellung erstmals der praktische Zwang auf, sich bereits mit einer angenäherten Lösung des Ausgangsproblems zufrieden zu geben. Es wird dann allerdings notwendig, die Abweichung von der exakten Lösung abzuschätzen.

In diesem Kapitel ist die angenäherte Lösung der behandelten Probleme die Regel. Als exakte Lösungen können *irrationale* Zahlen auftreten; also Zahlen, die sich wie etwa $\sqrt{2}$ prinzipiell nicht als ein gewöhnlicher oder endlicher Dezimalbruch darstellen lassen. Da man bei jeder praktischen Berechnung immer nur mit *endlichen* Zahlen arbeiten kann, muss uns eine Lösung genügen, die sich in endlich vielen Schritten ermitteln lässt. Gemildert wird diese praktische „Schwäche" aber dadurch, dass wir für den Fehler, den wir dabei in Kauf nehmen müssen, immer eine feste obere Schranke mit endlich vielen Schritten unterschreiten können.

2.3.1 Quadratwurzeliteration (Halbierungsverfahren)

Gegeben ist eine Zahl $r > 0$. Gesucht wird eine reelle Zahl $x > 0$, so dass $x^2 = r$ ist.

Definition 2.5 Die Zahl $x > 0$ mit $x^2 = r$ heißt für einen Radikanden $r > 0$ die (positive) Quadratwurzel von r (Schreibweise: $x = \sqrt{r}$).

Wir erinnern daran, dass im Fall $r = 2$ die gesuchte Quadratwurzel $\sqrt{2}$ keine rationale Zahl ist. Die Quadratwurzeloperation ist als Umkehrung des Quadrierens im Bereich der rationalen Zahlen also nicht mehr abgeschlossen. Da eine Quadratwurzel grundsätzlich auch eine irrationale Zahl sein kann, ändern wir die Problemstellung jetzt so ab, dass in *endlich* vielen Schritten eine *rationale* Näherung der exakten Lösung bestimmt wird:

Problem 2.10 Gesucht ist eine rationale Zahl x^*, die von der exakten Lösung $s > 0$ der Gleichung $x^2 = r$ nicht mehr als eine vorgegebene feste Größe $K > 0$ abweicht, d. h. es gilt $|x^* - s| \leq K$.

Die exakte Lösung $s > 0$ ist die Quadratwurzel von r (Radikand). Für jeden Wert $r > 0$ existiert genau eine Lösung $s \in \mathbf{R}$. Der Wert $x^* \in \mathbf{Q}$ heißt eine Näherung von x.

Wie finden wir einen Algorithmus zu Problem 2.10 bei einer vorgegebenen Genauigkeit $K > 0$ und einem Radikanden $r > 0$? Wir setzen zunächst voraus, es sei ein beliebiges Paar (a, b) positiver rationaler Zahlen bekannt, so dass $a^2 < r < b^2$ gilt.

Der Grundschritt besteht darin, für die Einschachtelung $a < \sqrt{r} < b$ durch Bildung des arithmetischen Mittelwertes $m = (a + b) / 2$ ein halb so langes Intervall zu finden, in dem der exakte Wert $\sqrt{r}$ liegt. Wir müssen dazu jeweils ausrechnen, ob $m^2 > r$ ist. Falls ja, gilt $a^2 < r < m^2$, sonst $m^2 \leq r < b^2$. Setzen wird diese Halbierung lange genug fort, so können wir den Abstand (b - a) unter jede beliebige, aber *feste* Fehlerschranke $K > 0$ in *endlich* vielen Schritten drücken.

Beispiel 2.9 Es sei r = 2 und K = 0,0005 = $5 \cdot 10^{-4}$. Wir wissen, dass die Quadratwurzel aus 2 zwischen a = 1 und b = 2 liegt, da $1 < \sqrt{2} < 2$ aus $1^2 < 2 < 2^2$ folgt. Die Quadratwurzel aus 2 hat von a wie von b höchstens den Abstand 1, da b - a = 2 - 1 = 1 ist. Unser Ziel ist es, eine rationale Zahl x* zu finden, so dass $|x^* - \sqrt{2}| \leq 5 \cdot 10^{-4}$ ist.

Den Ausgangsabstand 1 der beiden Zahlen halbieren wir, indem wir nun den Mittelwert m = (a + b) / 2 = 1,5 aus den Zahlen a und b bilden. Auch wenn wir gar keinen Zahlenwert für $\sqrt{2}$ kennen, so können wir überprüfen, ob $m^2 > 2$, $m^2 < 2$ oder $m^2 = 2$ ist, indem wir den für m erhaltenen Zahlenwert quadrieren und mit dem Radikanden 2 vergleichen. Ergebnis: $1{,}5^2 = 2{,}25 > 2$.

Aus $1^2 < 2 < 1{,}5^2$ folgt jetzt $1 < \sqrt{2} < 1{,}5$. Was haben wir erreicht? Wir können zwei rationale Zahlen angeben, die den Abstand ½ haben und zwischen denen ganz sicher die anzunähernde Zahl $\sqrt{2}$ liegt. Setzen wir b = m = 1,5, so können wir den gleichen Schritt mit den Zahlen a = 1 und b = 1,5 wiederholen. Da sich bei jedem Schritt der Abstand der beiden Zahlen halbiert und $\sqrt{2}$ immer zwischen den beiden Zahlen liegt, ergibt sich eine Folge von Paaren (a, b), die den irrationalen Wert $\sqrt{2}$ einschachteln.

Die ersten vier Iterationsschritte sind in der folgenden Tabelle angegeben.

Test zu einer iterativen Einschachtelung von $\sqrt{2}$

Schritt	a	b	m = (a + b) / 2	m^2	b – a
1	1	2	1,5	2,25	1
2	1	1,5	1,25	1,5625	0,5
3	1,25	1,5	1,375	1,8906...	0,25
4	1,375	1,5	1,4375	2,0664...	0,125

Ergebnis nach 4 Schritten: $1{,}375 < \sqrt{2} < 1{,}4375$

Um die geforderte Fehlerschranke von K = $5 \cdot 10^{-4}$ zu garantieren, müsste man jedoch 11 Schritte machen, da nach elfmaliger Halbierung des Ausgangsabstandes 1 gilt:

$$2^{-11} < 5 \cdot 10^{-4} < 2^{-10}.$$

Es ist ersichtlich, dass wir das Verfahren auch mit einem anderen Ausgangspaar (a, b) und einem anderen Radikanden r > 0 immer ausführen können, falls die Voraussetzung $a^2 < r < b^2$ vorliegt. Dazu stellen wir fest, dass wir als rationale Näherung x* mit der Genauigkeit K bei $|b - a| \leq K$ jeden der beiden Werte a, b verwenden können.

Um einen Algorithmus eindeutig formulieren zu können, setzen wir noch fest, dass wir als rationale Näherung der Quadratwurzel den letzten Mittelwert m verwenden wollen. Aus dem Beispiel geht hervor, dass wir bei einer bescheidenen Genauigkeit von $5 \cdot 10^{-4}$ für das Ausgangspaar (1, 2) und den Radikanden r = 2 eine relativ große Anzahl von elf Iterationsschritten benötigen. Deshalb soll später noch ein „schnelleres" Verfahren angegeben werden, das auch der BASIC-Standardfunktion Sqr(x) zugrunde liegt.

Der Leser mache sich dazu nochmals klar, dass sich für die Ermittlung des Wertes der Quadratwurzel grundsätzlich keine „Rechenformel" angeben lässt. Damit ist ein Motiv für den Einstieg in näherungsweise Lösungen gegeben.

Algorithmus 2.10 Quadratwurzeliteration (Halbierungsverfahren)

Gegeben sind eine rationale Zahl $r > 0$ als Radikand, ein rationales Zahlenpaar (a, b) mit $a^2 < r < b^2$ und eine Zahl $K > 0$ als geforderte Genauigkeit. Gesucht wird jetzt ein Algorithmus, der eine rationale Näherung x* nach dem Halbierungsverfahren liefert, so dass für die positive Quadratwurzel s mit $s^2 = r$ die Fehlerabschätzung $|x^* - s| \leq K$ gilt. Das leistet

Algorithmus 2.10 Quadratwurzeliteration (Halbierungsverfahren)

1: Notiere den Radikanden r, das Paar (a, b) und die Genauigkeit K

2: Berechne den Mittelwert $m = (a + b) / 2$

3: Falls $|m - a| \leq K$ ist, gib m als Lösung an und stoppe

4: Falls $m^2 > r$ ist, so setze $b = m$ und fahre mit Schritt 2 fort

5: Setze $a = m$ und fahre mit Schritt 2 fort

Erläuterung: Wegen der Voraussetzung $0 < a < b$ gilt für den Mittelwert $a < m < b$. Ist $m^2 > r$, so kann m die Stelle von b in der Ungleichung $a^2 \leq r < b^2$ übernehmen, sonst diejenige von a. In beiden Fällen wird der bisherige Abstand $d = b - a$ halbiert. Den auch noch möglichen Sonderfall $m^2 = r$ haben wir nicht gesondert erfasst.

Unbefriedigend ist, dass ein beliebiges, aber konkretes Paar von rationalen Zahlen (a, b) mit $a^2 < r < b^2$ bei der Eingabe benötigt wird. Am Test 2.10 erkennt man nun, dass es genügt, mit zwei natürlichen Quadratzahlen zu starten, die r einschließen. Es müssen dazu nicht einmal die zum Wert r am nächsten liegenden natürlichen Quadratzahlen verwendet werden.

Man kann $a = 0$ als „linken" Startwert verwenden, wobei man diese Bequemlichkeit dann mit mehr Halbierungsschritten erkauft (siehe auch Aufgabe 2.10). Der Radikand r ist als „rechter" Startwert b jedoch nur dann zugelassen, wenn $r \geq 1$ ist, da nur dann die Quadratwurzel aus r kleiner als der Radikand r wird.

Den Sonderfall $m = r^2$ können wir theoretisch ignorieren. Für den Fall $a^2 \leq r \leq b^2$ führt das Verfahren zur (angenäherten) Quadratwurzel von r. Praktisch würde man jedoch immer erwarten, dass etwa für die Quadratwurzel von 4 die exakte Lösung 2 und keine Näherung ermittelt wird.

Das angewendete Halbierungsverfahren ist eine sogenannte Intervallschachtelung: So nennt man eine (unendliche) Folge von Intervallen (a_n, b_n) mit $a_n \leq x \leq b_n$ $(n \in N)$, mit $a_n \leq a_{n+1} \leq x \leq b_{n+1} \leq b_n$, bei der der Abstand $d_n = b_n - a_n$ mit wachsender Anzahl n der schrittweisen Schachtelungen beliebig klein wird, d. h. jede vorgegebene positive feste Schranke $K > 0$ unterschritten werden kann.

Man prüft leicht nach, dass die Bedingungen einer Intervallschachtelung für $x = r$ durch das Halbierungsverfahren erfüllt sind.

Auf ein *Visual*-BASIC-Programm zu Algorithmus 2.10 kann man hier verzichten, da sich eine Näherung stets direkt mit der BASIC-Standardfunktion Sqr(x) angeben lässt. Dieser BASIC-Standardfunktion liegt ein Algorithmus nach dem Newton-Heron-Verfahren zugrunde (siehe Algorithmus 2.13).

Test 2.10 Quadratwurzeliteration für $r = 128$; $(a, b) = (11, 12)$; $K = 1 \cdot 10^{-1}$

Schritt	a	b	m	m^2	$m^2 > r$	$\lvert m - a \rvert \leq K$
1	11	12				
2			11,5	132,25		
3						nein
4		11,5			ja	
2			11,25	126,56		
3						nein
4					nein	
5	11,25					
2			11,375	129,39		
3						nein
4		11,375			ja	
2			11,3125	127,97		
3						ja

Ergebnis: $x^* = 11{,}3125$ mit $\lvert x^* - \sqrt{128} \rvert \leq 0{,}1 = 10^{-1}$

Hinweis: Das Ergebnis $x^* = 11{,}3125$ ist wesentlich genauer, als es die geforderte Genauigkeit $K = 1 \cdot 10^{-1}$ verlangt, was man aus dem Wert für m^2 unschwer abliest. Man muss beachten, dass das Ergebnis zum Beispiel für alle Radikanden aus $126 < r < 129$ gilt (warum?). (Die Werte für m^2 sind teilweise gerundet.)

Struktogramm 2.10 Halbierungsverfahren

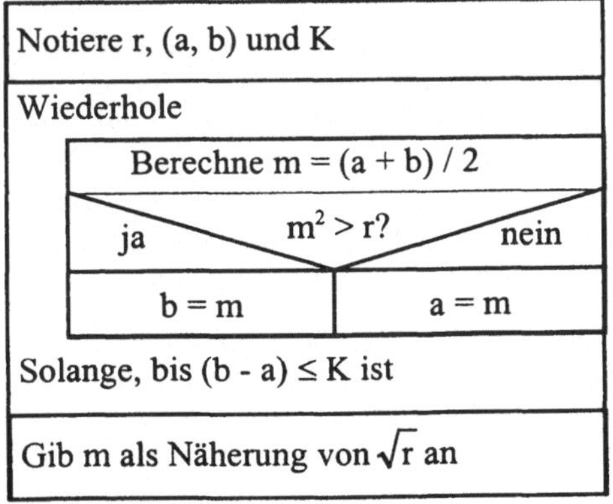

Programm 2.10 Halbierungsverfahren

```
Eingabe von r, a, b, K
Do
    m = (a + b) / 2
    If m * m > r Then
    b = m Else a = m
Loop Until (b - a) ≤ K
Ausgabe m "Näherung für Wurzel" r
```

Aufgabe 2.10
Man ändere den Algorithmus 2.10 so ab, dass statt des Paares (a, b) nur ein Wert $a \geq 0$ mit $a^2 < r$ eingegeben werden muss. (Hinweis: Der Algorithmus kann sich zu a einen zulässigen Ausgangswert $b > 0$ mit $r < b^2$ selbst ermitteln.)

2.3.2 Nullstellenbestimmung

Das Problem 2.10 ist ein Spezialfall des folgenden Problems. Gegeben ist eine stetige Abbildung eines Abschnitts der (reellen) Zahlengeraden (Intervall) in die Menge der reellen Zahlen $x \mapsto f(x)$. Gesucht wird eine rationale Näherung x* einer vorhandenen N u l l s t e l l e s der Abbildung, das heißt eine Lösung für $f(x) = 0$.

In Problem 2.10 lag die Abbildung $x \mapsto x^2 - r$ vor. Gesucht war eine Näherung $x^* > 0$ für die exakte Lösung der Gleichung $f(x) = x^2 - r = 0$, falls $r \geq 0$ ist.

Ist jetzt für eine Funktion f(x) ein Paar (a, b) so gegeben, dass f(x) für alle $a \leq x \leq b$ erklärt ist und haben die beiden Funktionswerte f(a) und f(b) verschiedene Vorzeichen, also $f(a) \cdot f(b) < 0$ gilt, so lässt sich die Ermittlung einer rationalen Näherung für eine dann voraussetzbare Nullstelle zwischen a und b dem Halbierungsverfahren bei einer Quadratwurzelnäherung nachbilden.

Aus dem Paar (a, b) lässt sich wieder der Mittelwert $m = (a + b) / 2$ ausrechnen. Damit ist der Ausgangsabstand $d = b - a$ halbiert worden. Wir berechnen den Funktionswert von f(x) an der Stelle m und können prüfen, ob $f(m) = 0$ oder $f(m) \neq 0$ ist. Ist $f(m) = 0$, so haben wir offenbar m als Nullstelle erhalten. Ist $f(m) \neq 0$, so ersetzen wir den linken Rand a durch m, falls $f(a) \cdot f(m) < 0$ ist, sonst wird b durch m ersetzt.

Damit haben wir ein neues Paar (a, b) mit der Bedingung $f(a) \cdot f(b) < 0$ und h a l b e m Abstand erhalten. Da wieder $a < s < b$ gilt, können wir jede feste obere Schranke $K > 0$ unterschreiten, sobald $(b - a) : (2^n) < K$ ist, wobei n die Anzahl der Iterationsschritte angibt und a, b die ursprünglichen Intervallgrenzen sind.

Damit haben wir bereits eine schrittweise Lösung zu

> **Problem 2.11** Es soll ein Algorithmus gefunden werden, der mit der Voraussetzung $f(a) \cdot f(b) < 0$ und $a, b \in \mathbf{Q}$ eine Näherung x* der Nullstelle s einer Funktion f(x) so bestimmt, dass $|x^* - s| \leq K$ bei vorgegebenem festen $K > 0$ gilt.

Die „Lösung" einer Gleichung lässt sich immer als Nullstellenbestimmung formulieren. Da existierende Nullstellen einer Gleichung $f(x) = 0$ aber allgemein nur für lineare und quadratische Gleichungen *exakt* ermittelt werden können, spielt die näherungsweise Ermittlung von Nullstellen in der praktischen Mathematik eine überaus wichtige Rolle. Die Bedeutung dieser Verfahren ergibt sich daraus, dass physikalische und technische Aufgaben vielfach nur über die Lösung meist nichtlinearer Gleichungen gelingt. Auch die Lösung umfangreicher linearer Gleichungssysteme hat praktische Bedeutung.

Die Nullstellenbestimmung endet in der Schulmathematik in der Regel bei quadratischen Gleichungen. Da sich dafür im Falle der Existenz die Lösungen direkt formelmäßig angeben lassen (siehe gegenüberliegende Seite), ist das wesentliche Verständnis für Nullstellenprobleme bei Schülern (und manchen Lehrern) häufig unterentwickelt.

Didaktisch reizvoll sind jedoch iterative Lösungsverfahren zu Problem 2.11. Sie führen nicht nur an Grenzwertprozesse heran, sondern erlauben auch in Algorithmus 2.13 eine Verbindung von Arithmetik und Geometrie. Das N e w t o n - H e r o n - Verfahren lässt sich als schrittweise Umwandlung eines Rechtecks in ein inhaltsgleiches Quadrat auffassen. Da dafür nur Mittelwertbildungen nötig sind, ist das Verfahren sehr schülergerecht.

Ergänzung **Exakte Lösung einer quadratischen Gleichung**

Im Falle einer allgemeinen quadratischen Gleichung $ax^2 + bx + c = 0$ lassen sich die beiden Lösungen, falls sie existieren, formelmäßig exakt bestimmen.

Wir setzen $a \neq 0$ voraus, da es sich für $a = 0$ nur um eine lineare Gleichung handelt. Damit lässt sich die allgemeine quadratische Gleichung in ihre *Normalform* umwandeln:

$$x^2 + px + q = 0 \text{ mit } p = \frac{b}{a} \text{ und } q = \frac{c}{a} \qquad (2.6)$$

Es steht fest, dass eine Lösung von 2.6 Lösung der allgemeinen Gleichung für $a \neq 0$ ist und umgekehrt.

Ansatz zur quadratischen Ergänzung:

$$x^2 + px + q = (x + A)^2 + B = x^2 + 2Ax + A^2 + B = 0.$$

Koeffizientenvergleich liefert

$$p = 2A \text{ und } q = A^2 + B \qquad \text{bzw.} \qquad A = \frac{p}{2} \text{ und } B = q - \frac{p^2}{4}$$

A und B sind also ebenfalls rationale Zahlen. Die quadratische Ergänzung ergibt dann insgesamt

$$\left(x + \frac{p}{2}\right)^2 + \left(q - \frac{p^2}{4}\right) = 0 \qquad \text{bzw.} \qquad \left(x + \frac{p}{2}\right)^2 = \left(\frac{p^2}{4} - q\right)$$

Lassen wir jetzt das Wurzelziehen für nichtnegative Zahlen als Rechenoperation zu, so erhalten wir für $\frac{p^2}{4} \geq q$ als Lösungsformeln

$$x_1 = -\frac{p}{2} + \sqrt{\frac{p^2}{4} - q} \qquad \text{und} \qquad x_2 = -\frac{p}{2} - \sqrt{\frac{p^2}{4} - q} \qquad (2.7)$$

Hinweise

1. Man rechnet folgende Teilaussagen des Satzes von Vieta aus (2.7) nach
   $x_1 + x_2 = -p$ und $x_1 \cdot x_2 = q$.
2. Man sieht an der Bauart der Lösungsformeln (2.7), dass die Lösungen genau dann zusammenfallen (identisch sind), wenn $\frac{p^2}{4} - q = 0$, also $p^2 = 4q$ ist.
3. Für den Fall $p^2 > 4q$ gibt es also genau zwei verschiedene (reelle) Lösungen der Gleichung (2.6), für $p^2 < 4q$ dagegen keine (reelle) Lösung.
4. Rechnerische Lösungen erfordern i. a. die iterative Bestimmung der Quadratwurzel.

Beispiele:

$x^2 + 2x - 1 = 0 \qquad x_1 = -1 + \sqrt{2} \qquad x_2 = -1 - \sqrt{2}$

$x^2 + 2x + 1 = 0 \qquad x_1 = -1 + 0 = x_2 = -1 - 0$

$x^2 + 1x + 1 = 0$ keine Lösung, da $p^2 = 1 < 4q = 4$ ist.

Algorithmus 2.11 Nullstelleniteration (Halbierungsverfahren)

Gegeben ist eine Funktion f(x) als eine stetige Abbildung $x \mapsto f(x)$ eines Abschnitts der reellen Zahlengeraden in die reellen Zahlen. Zwischen zwei x-Werten a und b, deren Funktionswerte v e r s c h i e d e n e Vorzeichen haben, liegt stets (mindestens) ein Wert s mit f(s) = 0 (Nullstelle). Es seien zwei rationale Zahlen $a < b$ aus der Definitionsmenge mit $f(a) \cdot f(b) < 0$ und eine Fehlerschranke $K > 0$ vorgegeben. Gesucht wird nun ein Algorithmus, der eine rationale Näherung x* einer vorhandenen Nullstelle s bestimmt, so dass $|x^* - s| \leq K$ gilt.

Algorithmus 2.10 hat die Aufgabe bereits für die spezielle Funktion $f(x) = x^2 - r$ und die positive Nullstelle $s = \sqrt{r}$ gelöst. Wir verallgemeinern jetzt diesen Algorithmus zu

Algorithmus 2.11 Nullstelleniteration

1: Notiere die Darstellung von f(x), das Paar (a, b) und die Genauigkeit K

2: Berechne den Mittelwert m = (a + b) / 2

3: Falls f(m) = 0 ist, gib m als Lösung an und stoppe

4: Falls $|m - a| \leq K$ ist, gib m als Lösung an und stoppe

5: Falls $f(m) \cdot f(a) < 0$ ist, setze b = m, sonst a = m

6: Fahre mit Schritt 2 fort

E r l ä u t e r u n g : Der mögliche Sonderfall f(m) = 0 wird jetzt schon in der ersten Form berücksichtigt. Falls $|m - a| \leq K$ ist, so ist m als Mittelwert von a und b von keinem Wert aus $a < x < b$ weiter entfernt als die positive Zahl K. Also hat auch die Nullstelle s mit $a < s < b$ einen Abstand von m, der kleiner als das geforderte K ist.

In Schritt 6 haben wir die Alternative $f(m) \cdot f(b) < 0$ bzw. $f(a) \cdot f(b) \geq 0$ gar nicht mehr formulieren müssen, da sie ganz zwangsläufig eintritt. Doch hier ist beim praktischen Arbeiten wieder Vorsicht geboten. Die theoretische Alternative gilt nur bei e x a k t e n Werten, also bei beliebig großer Stellenzahl.

Da wir praktisch stets mit einer festen Stellenzahl arbeiten, müssen wir damit rechnen, dass unsere Abfragen durch die feste Stellenzahl beeinflusst werden können. Bei der Vorzeichenbildung eines Produktes zweier von Null verschiedener Zahlen spielt die Stellenzahl jedoch keine Rolle. Das Produkt zweier von Null verschiedener Zahlen kann allerdings bei fester Stellenzahl des Ergebnisses Null werden.

Ein Ausweg besteht darin, dass wir eine *Produktbildung* bei der Abfrage $f(m) \cdot f(a) < 0$ in Schritt 5 vermeiden und statt derer nur die V o r z e i c h e n b e d i n g u n g abfragen:

5*: Wenn (f(m) > 0 und f(a) > 0) oder ($f(m) \leq 0$ und $f(a) \leq 0$), setze a = m, sonst setze b = m und fahre mit Schritt 2 fort

Auf ein *Visual*-BASIC-Programm zu Algorithmus 2.11 müssen wir verzichten, weil wir mit den jetzt vorhandenen Hilfsmitteln die praktische Verwendung einer *beliebigen* Funktion f(x) in einem Programm nicht beschreiben können. Stattdessen lässt sich für jede konkrete Funktion diese direkt oder auch als Funktions-Modul in ein sonst gleiches *Visual*-BASIC-Programm leicht einbauen.

Test 2.11 $f(x) = x^3 - 10$; $(a, b) = (2, 3)$; $f(2) \cdot f(3) = -2 \cdot 17 < 0$; $K = 1 \cdot 10^{-1}$

Schritt	a	b	m	f(m)	$\lvert m - a \rvert \leq K$	$f(m) \cdot f(a) < 0$
1	2	3				
2/3			2,5	5,625		
4					nein	
5		2,5				ja
2/3			2,25	1,39...		
4					nein	
5		2,25				ja
2/3			2,125	-0,40...		
4					nein	
5						nein
6	2,125					
2/3			2,1875	0,46...		
4					ja	

Ergebnis: $x^* = 2{,}1875$ mit $\lvert x^* - s \rvert \leq 10^{-1}$

Beispiel 2.10 Es sei f(a) = 0,001 und f(b) < 0. Dann gibt es unter den hier gemachten Voraussetzungen eine Nullstelle s mit f(s) = 0 zwischen a und b. Nehmen wir an, dass f(m) = -0,001 auftritt. Rechnen wir nun z. B. nur mit vier Stellen, so ergibt sich damit $f(m) \cdot f(a) = 1 \cdot 10^{-6} =_{(4)} 0$. Damit würde in dem Schritt 5 von Algorithmus 2.11 a = m gesetzt werden, obwohl wegen f(m) < 0 und f(b) < 0 zwischen m und b gar keine Nullstelle liegen muss. Es ist klar, dass sich dieser Sachverhalt auch auf eine größere, aber *feste* Stellenzahl übertragen lässt.

Der Vorteil von Algorithmus 2.11 besteht darin, dass eine sehr allgemeine Klasse von Funktionen zur Nullstellenbestimmung zugelassen ist. Man fordert lediglich, dass zwei Funktionswerte mit verschiedenem Vorzeichen bekannt sind. Ein besonderes Problem ist es, die Funktion f(x) im Algorithmus mit anzugeben. Man könnte natürlich anstelle der Funktion f(x) den speziellen Funktionsausdruck in den Algorithmus einsetzen. Dann erhielte man jedoch nur einen speziellen Algorithmus für diese Funktion.

Im folgenden Abschnitt wird der auch für die Schulmathematik noch interessante Fall kubischer Gleichungen behandelt und dafür auch ein *Visual*-BASIC-Programm 2.12 Nullstellennäherung einer kubischen Gleichung angegeben.

Man erkennt, dass sich statt einer speziellen kubischen Gleichung jede andere Gleichung mit dem Programm bearbeiten ließe, sobald feststeht, dass dafür eine reelle Nullstelle in einem angegebenen Intervall existiert.

2.3.3 Nullstelle einer kubischen Gleichung

Nachdem wir Algorithmus 2.11 schon in spezieller Form in Problem 2.10 angewendet haben, soll dieser außerdem noch auf die Klasse der kubischen Gleichungen

$f(x) = ax^3 + bx^2 + cx + d = 0$ angewendet werden.

Problem 2.12 Wende Algorithmus 2.11 auf die durch die Koeffizienten a, b, c, d vorgegebene kubische Gleichung mit der (festen) Fehlerschranke $K > 0$ an.

Eine Grobumsetzung liefert

Algorithmus 2.12 Nullstelle einer kubischen Gleichung

1: Notiere die vier Koeffizienten a, b, c, d und die Fehlerschranke $K > 0$

2: Stelle die Normalform der Gleichung her

3: Bestimme ein Ausgangsintervall (links, rechts) für eine Nullstelle

4: Wende das Halbierungsverfahren auf das Intervall (links, rechts) an

5: Gib die Näherung und deren Funktionswert an und stoppe

Der Algorithmus 2.12 mit dem Halbierungsverfahren von Algorithmus 2.11 ergibt

Programm 2.12 Nullstellennäherung einer kubischen Gleichung

```
Sub Kub()
a = [A4] : b = [B4] : c = [C4] : d = [D4] : Rem Koeffizienten übertragen
Rem Zulässigkeit von a prüfen!
If a = 0 Then MsgBox "a = 0 ist unzulässig!" : End
K = [E4] : Rem Fehlerschranke aus E4 übertragen
Let b = b / a : Let c = c / a : Let d = d / a : Rem Normalform herstellen
rechts = 1 + Abs(b) + Abs(c) + Abs(d) : Rem Fehlerschranke bilden
links = -rechts
Do
    m = (links + rechts) / 2
    If Horner(m, b, c, d) * Horner(links, b, c, d) > 0 Then links = m Else rechts = m
Loop Until (rechts - links) < K Or Horner(m, b, c, d) = 0
[G4] = m
[G5] = Horner(m, b, c, d)
End Sub
_____________________________________________
Function Horner(x, b, c, d)
Horner = (((x + b) * x + c) * x + d)
End Function
```

Beispiel 2.11 Es sei folgende kubische Gleichung in Normalform (a = 1) gegeben:

$$f(x) = x^3 - \frac{1}{2}x^2 + x - \frac{1}{2} = 0.$$

Wir erstellen uns eine Wertetabelle her unter Verwendung der Horner-Darstellung

$$f(x) = \left(\left(x - \frac{1}{2}\right)x + 1\right)x - \frac{1}{2}$$

x	-2	-1	0	+0,5	+1	+2
f(x)	-12,5	-3	-0,5	0	+1	+7,5

Wegen f(0) = -0,5 und f(1) = 1, das heißt $f(0) \cdot f(1) < 0$, gibt es in $0 < x < 1$ mindestens eine reelle Nullstelle, die nach Wertetabelle exakt bei x = 0,5 liegt.

Bevor wir das Halbierungsverfahren anwenden, müssen wir stets überlegen, wo wir ein geeignetes Ausgangspaar (links, rechts) herbekommen. Eine kubische Gleichung hat bestimmt mindestens eine reelle Nullstelle, da f(x) für sehr große positive x-Werte beliebig groß und für genügend große negative x-Werte negativ wird, so dass einer der erforderlichen Vorzeichenwechsel immer existiert. Für jede reelle Nullstelle s einer kubischen Gleichung in Normalform (a = 1) gilt stets (ohne Beweis)

$$-(1 + |b| + |c| + |d|) < s < (1 + |b| + |c| + |d|),$$

so dass wir rechts = (1 + | b| + |c| + |d|) und links = -rechts setzen können.

Programmhinweise 2.12 Nullstellennäherung einer kubischen Gleichung

1. Eingabe und Vorbereitung

Die Eingabewerte für die vier Koeffizienten werden aus einer zugehörigen EXCEL-Tabelle übernommen. Die Division der Koeffizienten b, c und d durch a überführt die Gleichung in die Normalform, um die Ungleichungen (2.8) verwenden zu können. Mit

```
Horner = (((x + b) * x + c) * x + d)
```

wird die Horner-Darstellung an der Stelle x gebildet und als der Funktionswert der Prozedur Horner(x, b, c, d) zurückgegeben.

2. Halbierungsverfahren

In der Do-Loop-Until-Schleife findet nach Mittelwertbildung im Halbierungsverfahren (siehe Algorithmus 2.11) die Verzweigungsabfrage statt, bis die Länge des Intervalls und damit der Näherungswert unter die Fehlerschranke K fällt oder der Funktionswert an der Näherungsstelle Null ist. Der Funktionswert zu der erhaltenen Näherung x* für die Nullstelle wird zusätzlich berechnet und dann in die Zelle G5 der EXCEL-Tabelle übertragen.

Test 2.12 Nullstellennäherung einer kubischen Gleichung (exakte Nullstelle x = 0,5)

a?	b?	c?	d?	K?		Näherungswert
1	-0,5	1	-0,5	0,00001	ergibt	0,499998093
				Klicke!	f(x) =	-2,38418E-06

2.3.4 Quadratwurzelnäherung nach Newton-Heron

Das bisher beschriebene Halbierungs- oder Bisektionsverfahren ist in seinem Ablauf recht übersichtlich, hat jedoch zwei Nachteile. Man muss zunächst ein Paar (a, b) mit $f(a) \cdot f(b) < 0$ kennen oder bestimmen, um das iterative Verfahren zur Bestimmung einer Nullstelle zwischen a und b starten zu können.

Außerdem ist die Annäherung verhältnismäßig langsam, also die Anzahl der Iterationsschritte häufig groß. Ein viel besseres Verfahren für eine näherungsweise Bestimmung der Quadratwurzel ist das Newton-Heron-Verfahren, das schon in der griechischen Mathematik bekannt war.

Wir gehen dabei nur noch von einem Startwert $a > 0$ aus, der auch noch für jedes $r > 0$ *beliebig* gewählt werden darf. Wir suchen wieder eine rationale Zahl x^*, so dass für ein fest vorgegebenes $K > 0$ als Fehlerschranke und die positive Lösung s von $x^2 = r$ gilt $|x^* - s| \leq K$ (vgl. Problem 2.10 auf *Seite 80*).

Wenn uns ein beliebiger Wert $a > 0$ als Ausgangswert gegeben ist, so fragen wir nach einem Wert $b > 0$, so dass entweder $a \leq s \leq b$ oder $b \leq s \leq a$ gilt. Ein solcher Wert b lässt sich aber sofort angeben, wenn wir die Aufgabe geometrisch interpretieren. Zu jedem vorgegebenen Radikanden $r > 0$ gibt es ein Quadrat mit dem Flächeninhalt r, d. h. der Kantenlänge $s = \sqrt{r}$. Zu dem beliebig gewählten $a > 0$ können wir jetzt ein Rechteck finden, das den Flächeninhalt r des Quadrates und a als eine Seitenlänge besitzt. Der Wert der anderen Seitenlänge muss offenbar $b = r / a$ sein, da $a \cdot b = a \cdot (r / a) = r$ ist.

Außerdem stellen wir fest, dass b eine der beiden gewünschten Ungleichungen $a \leq s \leq b$ oder $b \leq s \leq a$ erfüllen muss, also die Quadratwurzel s eingeschachtelt wird. Ist nämlich $a \leq s$, so muss $b \geq s$ sein, da sonst der Flächeninhalt eines Rechtecks mit den Seiten a und b kleiner als $s^2 = r$ wird, was unserer gemachten Annahme dann aber widerspricht. Entsprechend würde für $s \leq a$ und $b > s$ folgen, dass der Flächeninhalt dann größer als r werden müsste. Nachdem wir also $a \leq s \leq b$ oder $b \leq s \leq a$ erhalten haben, erinnern wir uns an die Bildung des Mittelwertes $m = (a + b) / 2$ beim Halbierungsverfahren.

Diesen Wert m können wir als neuen Wert für a zur Wiederholung des Grundschrittes verwenden, wenn wir uns davon überzeugen, dass er „besser" als der vorherige Wert von a ist, d. h. näher bei der Quadratwurzel s liegt.

Im Test 2.13 können wir uns aber überzeugen, dass das neue Verfahren nach Newton-Heron trotz der ähnlichen Mittelwertbildung zu einer sehr schnellen Annäherung der Quadratwurzel führen wird. Dies ist kein Zufall für dieses Beispiel, sondern lässt sich allgemein nachweisen.

Vom praktischen Standpunkt aus ist ein „schnelles" Quadratwurzelverfahren wegen der Schnelligkeit moderner Rechner entbehrlich. Das beschriebene Verfahren gehört jedoch zum klassischen Allgemeinwissen der Mathematik. Das gilt auch noch, wenn man nicht mehr schriftlich *radizieren* (Wurzelziehen) muss, sondern sich meist ausreichend genaue Wurzelwerte schon mit einem billigen Taschenrechner beschaffen kann.

Im Jahre 1960 haben Wurzelautomaten noch um (umgerechnet) 10.000 Euro gekostet! Auch bei diesem Algorithmus steht hier nicht das konkrete Rechenergebnis, sondern wieder das mathematische Verständnis und algorithmisches Denken im Vordergrund.

Test 2.13 Newton-Heron-Näherung für $\sqrt{2}$ mit Startwert a = 2 in 3 Schritten

Schritt	a	b = r / a	m = (a + b) / 2	m^2	$\lvert b - a \rvert$
1	2	1	1,5	2,25	1
2	1,5	$1,\bar{3}$	$1,41\bar{6}$	2,0069...	0,1
3	$1,41\bar{6}$	1,411...	1,4142...	2,00000...	0,0049...

Man bemerkt am obigen Test, dass die Annäherung mit dem Newton-Heron-Verfahren gegenüber dem Halbierungsverfahren doch wesentlich schneller verläuft. Am letzten Wert von m liest man ab, dass eine Fehlerschranke von höchstens $5 \cdot 10^{-4}$ schon nach drei Schritten gegenüber 11 Schritten beim Halbierungsverfahren in Abschnitt 2.3.1 erreicht ist. Dagegen bleibt der Wert der formalen Fehlerabschätzung $\lvert b - a \rvert$ hinter der tatsächlichen Annäherung etwas zurück.

Jetzt fehlt uns noch der Nachweis, dass die Wiederholung des angegebenen Iterationsschrittes für jeden Ausgangswert a > 0 auch zum Erfolg führt. Den Nachweis führen wir jetzt mit elementaren algebraischen Mitteln. Es sind nach der Wahl des Ausgangswertes a > 0 *drei* verschiedene Fälle möglich:

Fall 1: Es sei Startwert $a = s = \sqrt{r}$.
Dann ergibt sich wegen $b = r / a = s^2 / a$ sofort b = s und m = (a + b) / 2 = (s + s) / 2 = s. Die Quadratwurzel s ist in diesem Falle also wegen m = s exakt ermittelt worden.

Fall 2: Es sei a > s.
Dann wird, wie bereits geometrisch interpretiert, $b = s^2 / a < s$. Da a und b größer als Null sind, gilt für den Mittelwert m = (a + b) / 2 sicher b < m < a, da der Mittelwert zweier positiver Zahlen größer als die kleinere, aber kleiner als die größere der beiden Zahlen ist. Jetzt verwenden wir einen kleinen Trick. Es gilt stets

$$a^2 - 2as + s^2 = (a - s)^2 > 0 \text{ für } a \neq s.$$

Da a > 0 ist, lässt sich diese Ungleichung nun durch 2a > 0 dividieren, so dass wegen m = a / 2 + b / 2 und $b^2 = s^2 / a$ gilt:

$$\frac{(a-s)^2}{2a} = \frac{a}{2} - s + \frac{s^2}{2a} = m - s > 0.$$

Aus m > s und a > s folgt dann insgesamt im *Fall 2*

$$0 < s < m < a \tag{2.8}$$

Ersetzen wir a durch m, so haben wir uns der Quadratwurzel s tatsächlich genähert.

Fall 3: Es sei a < s.
Dann wird $b = s^2 / a > s$. Die Ungleichung m − s > 0, d.h. m > s, haben wir in *Fall 2* aber allein unter der Voraussetzung a ≠ s erhalten, die hier genauso gilt. Damit ergibt sich insgesamt im *Fall 3*

0 < a < s < m, und damit tritt im nächsten Schritt der (positive) *Fall 2* ein.

Algorithmus 2.13 Quadratwurzelnäherung nach Newton-Heron

Gegeben sind ein Radikand $r > 0$, ein Ausgangswert $a > 0$ und die Genauigkeit $K > 0$. Gesucht ist ein Algorithmus, der nach dem Newton-Heron-Verfahren eine rationale Näherung x^* der positiven Quadratwurzel s mit $s^2 = r$ so ermittelt, dass $|x^* - s| \leq K$ als Fehlerabschätzung gilt.

Gegeben sind wieder der (rationale) Radikand $r > 0$, ein rationales Zahlenpaar (a, b) mit $a^2 < r < b^2$ und die Genauigkeit $K > 0$. Gesucht ist ein Algorithmus zur Bestimmung einer rationalen Näherung x^* nach dem Halbierungsverfahren, so dass für die positive Quadratwurzel s mit $s^2 = r$ gilt $|x^* - s| \leq K$.

Wir fassen das beschriebene Iterations-Verfahren in Algorithmus 2.13 zusammen.

Algorithmus 2.13 Quadratwurzelnäherung nach Newton-Heron

1: Notiere den Radikanden r, den Ausgangswert a und die Fehlerschranke K

2: Solange der Abstand von a und r/a größer als K ist, ersetze a durch den Wert (a + r / a) / 2

3: Gib a als eine Näherungslösung an und stoppe

Da wir festgestellt haben, dass die Wahl des Startwertes $a > 0$ ganz beliebig sein darf, verwenden wir in der Programmumsetzung den Wert $a = 1$. Dieser Startwert ist dadurch ausgezeichnet, dass für $0 < r < 1$ die Quadratwurzel immer kleiner als 1 und für $r > 1$ die Quadratwurzel von r immer größer als 1 wird.

Programm 2.13 Quadratwurzelnäherung nach Newton-Heron

```
Sub Quadratwurzel()
r = [A4] : K = [B4] : Rem Übernahme Radikand und Genauigkeit
a = 1 : Rem Startwert der Iteration setzen
Rem Iterationsschleife
While Abs(a - r / a) > K : Rem Test des Abstands von a zu a - r
    Let a = (a + r / a) / 2
Wend
[D4] = a
End Sub
```

Test 2.13 Quadratwurzelnäherung nach Newton-Heron

	Radikand	Genauigkeit		Näherung
3	r?	K?		für die Quadratwurzel
4	2	0,0000005	liefert	1,41421356237469
5	**Klicke!**	=Wurzel(A4)	liefert	1,41421356237310

Test 2.13 Quadratwurzelnäherung für $r = 123{,}5$; $a = 11$; $K = 1 \cdot 10^{-5}$

Schritt	a	r / a	|a – r / a| < K	a (neu)
1	11			
2		11,227273	nein	11,113636
2	11,113636	11,112474	nein	11,113055
3	11,113055	11,113055	ja	

Ergebnis: $x^* = 11{,}113055$ mit der (formalen) Genauigkeit $K = 1 \cdot 10^{-5}$

Hinweis: Der jeweils *neue* Wert von a wird als letzter Wert für Schritt 2 angegeben. Man beachte, dass für die Näherung $x^* = 11{,}113055$ eine *genaue* Übereinstimmung mit r / a nur im Rahmen der festen Stellenzahl gilt, da $(x^*)^2 \neq 123{,}5$ ist.

Man erkennt wieder ganz deutlich die schnelle Annäherung beim Newton-Heron-Verfahren. Häufig wird die Quadratwurzeliteration in einem anderen Algorithmus als Baustein eingesetzt, z.B. bei der Lösung einer quadratischen Gleichung. Beim Eintritt in den Teilalgorithmus 2.13 steht dann natürlich ein Radikand r zur Verfügung.

Man kann auch eine von r unabhängige Genauigkeit K vorgeben. Wo aber nehmen wir eine geeignete Ausgangsnäherung $a > 0$ her? Hier hilft uns nun der Umstand, dass die Näherung für alle Startwerte (mehr oder weniger schnell) stattfindet. Eine einfachere, aber keineswegs immer günstige Möglichkeit ist, für a den Wert des Radikanden r selbst zu nehmen.

Hinweise: Es wurde bei allen Algorithmen immer vorausgesetzt, dass nur zulässige Eingabewerte verwendet werden, hier also positive Werte für r und K. Wenn aber ein Algorithmus als Baustein (Teilalgorithmus) in einem anderen Algorithmus verwendet wird, so empfiehlt es sich zumeist, die Zulässigkeit der verwendeten Zahlen im Teilalgorithmus zu prüfen, um falsche Ergebnisse oder ggf. einen fehlerhaften Abbruch zu vermeiden. In dem jetzigen Falle wäre es sinnvoll, auch den trivialen Sonderfall $r = 0$ in Algorithmus 2.13 zum korrekten Ergebnis zu führen (siehe Aufgabe 2.11).

Programmhinweis 2.13 Quadratwurzelnäherung nach Newton-Heron

In der While-Wend-Iterationsschleife wird der Mittelwert aus dem aktuellen Wert von a und r / a solange gebildet, wie der Abstand zwischen den Werten a und r / a noch größer als die geforderte Genauigkeit K ist. Den Abstand zwischen a und r / a liefert dabei mit der BASIC-Standardfunktion Abs(x) der Absolutbetrag der Differenz (a - r / a).

Vom mathematischen Standpunkt ist es wesentlich, dass mit der Quadratwurzel von 2 oder der Länge der Diagonalen eines Quadrates mit der Kantenlänge 1 eine irrationale Zahl vorliegt, die sich nicht als ein gewöhnlicher Bruch oder endlicher Dezimalbruch darstellen lässt.

Aufgabe 2.11
Ändern Sie Algorithmus 2.13 so ab, dass negative Werte für r als unzulässig abgewiesen werden und für $r = 0$ das korrekte Ergebnis $a = 0$ als Lösung angegeben wird.

2.3.5 Schlussbemerkungen zu iterativen Verfahren

Es wurde hier nur ein kleiner Ausschnitt aus dem für die numerischen Anwendungen überaus wichtigen Gebiet der Iterationsverfahren dargestellt. Dennoch lassen sich aus den behandelten Beispielen einige Merkmale des iterativen Vorgehens herauslesen.

Da iteratives Vorgehen bis zum 10. Schuljahr häufig der einzige Ansatz ist, der über *endliche* mathematische Prozesse gedanklich hinausgeht, und auch das grundsätzliche Problem der Fehlerabschätzung in der numerischen Mathematik konkret darstellbar ist, sollen diese Merkmale hier wenigstens kurz beschrieben werden.

Jedes Iterationsverfahren besitzt eine Schrittfunktion, mit deren Hilfe Näherungswerte verbessert werden sollen. Für die behandelten iterativen Probleme 2.10 bis 2.13 ist das jeweils die Mittelwertbildung aus zwei Zahlen. Solche Verfahren haben sicher nur dann einen Sinn, wenn unter den vorliegenden Voraussetzungen auch tatsächlich eine schrittweise Verbesserung eintritt.

Beim Halbierungsverfahren 2.10 genügte für die Existenz einer Nullstelle der Funktion im Intervall (a, b) die hinreichende Bedingung $f(a) \cdot f(b) < 0$. Für den Newton-Heron-Algorithmus 2.13 kann aber der Erfolg des Näherungsverfahrens für jeden *beliebigen* Ausgangswert $a > 0$ allgemein nachgewiesen werden.

Entscheidend ist nun bei allen iterativen Verfahren, dass stets eine Abschätzung für die Abweichung von dem exakten, aber unbekannten Lösungswert nach n Iterationsschritten angegeben werden kann. Es genügt nicht, dass ein vorhandener Näherungswert nach n Schritten überhaupt existiert und auch noch „verbessert“ werden kann. Es soll vielmehr immer möglich sein, eine maximale Abweichung K zwischen der gesuchten Näherung und der exakten Lösung vorzugeben und daraus die *Anzahl* n der Iterationsschritte zur Anwendung der Schrittfunktion zu bestimmen.

Besonders angenehm sind iterative Verfahren, bei denen der jeweilige Näherungswert als Zwischenschritt rechnerisch nicht genau bestimmt werden muss. Solche Verfahren, wie etwa das Newton-Heron-Verfahren, heißen selbstkorrigierend. Sie sind deshalb angenehm, weil bei der meist notwendigen Umsetzung auf ein Computerprogramm stets nur eine begrenzte Rechengenauigkeit innerhalb einer bestimmten (festen) Stellenzahl garantiert werden kann. Es sei daran erinnert, dass sich etwa der Dezimalbruch 0,1 in einem Rechner nicht exakt darstellen lässt.

Der Fehler, der sich aus einer festen Stellenzahl ergibt, führt bei selbstkorrigierenden Verfahren lediglich zu einer erhöhten Schrittzahl, um die geforderte Genauigkeit doch zu erreichen. Dieser „Preis“ ist aber bei der heute üblichen schnellen Berechnung auf elektronischen Rechnern vernachlässigbar.

In nicht selbstkorrigierenden Verfahren, wie etwa bei der Lösung linearer Gleichungssysteme, können bei einer festen Stellenzahl dagegen unvermeidbare Rechenfehler bei größeren Gleichungssystemen und ungünstigen Daten wegen der Fehlerfortpflanzung zu einer *völlig* falschen Lösung führen, mithin also komplett versagen. Auch die immer notwendige Fehlerabschätzung ist bei großen Systemen nicht einfach zu leisten.

In diesen Fällen lassen sich jedoch etwa bei linearen Gleichungen ebenfalls iterative Lösungsverfahren alternativ erfolgreich einsetzen.

3 Nichtnumerische Algorithmen

Was ist ein *nichtnumerischer* Algorithmus? Alle im Kapitel 2 behandelten Algorithmen waren numerische Algorithmen. Wenn wir sie durchgehen, so können wir feststellen, dass die Ergebnisse, etwa beim größten gemeinsamen Teiler oder der Nullstellennäherung, stets durch arithmetische Rechenoperationen aus den Ausgangsdaten gewonnen werden.

Dieses charakteristische Merkmal weisen nichtnumerische Algorithmen gerade nicht auf. Hier steht die Grundoperation des Vergleichens im Vordergrund. Die Objekte des Vergleichs können auch Zahlen sein. Es kommt dabei jedoch nicht auf den (absoluten) Wert der Zahl, sondern auf ihre (relative) Position auf der Zahlengeraden an. Als typisches Beispiel kann das alphabetische Ordnen der Namen einer Schulklasse betrachtet werden. Für 30 Schüler/innen ist das eine noch leicht von Hand zu lösende Aufgabe; bei 1000 Schüler/innen einer Schule schon ein echtes Problem.

Um paarweise Vergleiche von Namen oder allgemeiner von Wörtern vorzunehmen, muss eine Ordnung der Wörter gegeben sein, die bei Vergleichen der Form wieder zu einer alternativen Ja-Nein-Entscheidung führt. Dazu benutzen wir die lexikographische Anordnung. Danach ist ein Wort a kleiner als ein Wort b, wenn a in einem Lexikon aller Wörter vor b steht. Diese Ordnung genügt für unsere Einführung.

Wir legen unseren Überlegungen Listen von Wörtern zugrunde. Für eine Liste mit n Wörtern soll eine Schreibweise $M = (a_1, a_2,..., a_n)$ anzeigen, dass die Platzhalter a_i, auf denen die Wörter stehen, der Reihe nach nummeriert sind. Die Nummer (Index) i des Platzhalters a_i heißt die Position des Wortes (auf dem Platz a_i) in der Liste M.

Man könnte nun vermuten, dass in den nichtnumerischen Algorithmen nur Wörter als Buchstabenfolgen, jedoch keine Zahlen verarbeitet werden können. Diese Vermutung ist falsch. Man kann die Sortieraufgabe genauso für Zahlen als Ziffernfolgen formulieren und dann mithilfe des paarweisen Ziffernvergleichens in der gleichen Weise lösen. Das Vergleichsergebnis entspricht dann dem der üblichen Anordnung der Zahlen auf der Zahlengeraden. Namen und Zahlen unterscheiden sich damit für die algorithmische Bearbeitung nicht, sie sind grundsätzlich gleichwertig für den Algorithmus.

Aus diesem Grunde fassen wir den Wortbegriff auch sogleich etwas weiter. Ein Wort kann stets eine (endliche) Folge von Buchstaben, Ziffern und Sonderzeichen sein. Das können wir tun, weil wir auch in diesem Fall eine verallgemeinerte lexikographische Ordnung verwenden können, also der paarweise Vergleich stets möglich ist.

Warum beschäftigen wir uns mit nichtnumerischen Algorithmen?

In den Anwendungen elektronischer Rechenanlagen haben nichtnumerische Aufgaben heute einen überwiegenden und ständig wachsenden Anteil. Während im naturwissenschaftlich-technischen Bereich numerische Algorithmen vorwiegend ihre Anwendung finden, werden nichtnumerische Algorithmen meist im wirtschaftlich-kommerziellen Bereich verwendet.

Überall, wo Datenbestände (Datenbanken) zu verwalten sind, werden nichtnumerische Algorithmen für deren Verarbeitung erforderlich. Die Tendenz der Softwareentwicklung für solche Standardanwendungen auf Rechnern geht dahin, sowohl nichtnumerische wie numerische Teilwerkzeuge heute in einem „Paket“ für jedermann anzubieten.

3.1 Suchvorgänge

3.1.1 Suchen eines Elementes in einer geordneten Liste (Teil 1)

Wir gehen von einer (endlichen) geordneten Liste M aus, deren Elemente von 1 bis n durchnummeriert sind. Für je zwei beliebige Elemente a_i und a_j soll stets $a_i < a_j$ für $i < j$ gelten. Gesucht ist ein Algorithmus, der die Position k als natürliche Zahl n ermittelt, an der sich ein vorgegebenes Element x befindet. Eine erste Möglichkeit besteht darin, dass wir die Elemente a_i der Liste M der Reihe nach durchgehen und mit dem vorgegebenen Element x vergleichen. Falls ein Element von M mit x übereinstimmt, so gibt offenbar die *Anzahl* der Vergleiche $a_k = x$ die *Position* k in der geordneten Liste an. Damit hat man schon eine naive Lösung von

Problem 3.1 Man stelle fest, ob ein vorgegebenes Objekt x einer (geordneten) Liste M angehört und gebe in diesem Fall dessen Position k in der Liste an.

Das einfache Durchlaufen leistet das, was in Problem 3.1 verlangt wird. Man kann mit ihm auch feststellen, ob sich ein Element x *überhaupt* in der Liste M befindet. Dazu braucht man nur zu verabreden: *Kein Ergebnis* bedeutet, dass x *kein* Element der Liste ist. Für dieses direkte Verfahren müsste die Liste M nicht einmal geordnet sein.

Die naive Lösung zu Problem 3.1 ist allerdings kein günstiges Verfahren. Man kommt zwar mit höchstens n Vergleichen sicher zum Ziel; es lohnt sich jedoch, nach einem besseren Verfahren Ausschau zu halten. Einen Hinweis gibt uns unsere Betrachtung zur Ermittlung einer zufälligen Zahl aus 1,..., n. Die fortgesetzte Halbierung führte dort in wenigen Schritten zum Ziel.

Nehmen wir vorläufig an, dass die Anzahl der Elemente $n = 2^q$ mit $q \in \mathbf{N}$ ist. Dann führt die fortgesetzte Halbierung von n stets auf eine natürliche Zahl m. Diese Zahl m lässt sich dann als Index in der Liste M verwenden, da $1 \leq m \leq n$ gilt. Die Abfrage $a_m < x$ gibt uns Auskunft darüber, ob die Position von x oberhalb von a_m (ja) oder unterhalb von a_m (nein) liegt. Da die Liste jeweils halbiert wird, gelangt man zur gesuchten Position von x nach genau q Schritten oder weiß sicher, dass x nicht in der Liste M ist.

Algorithmus 3.1 (1) Suchen eines Elementes in einer geordneten Liste

1: Notiere n, Liste a_1 bis a_n und Element x
2: Setze $i = 0$ und $k = n$
3: Setze $m = (i + k) / 2$ als Mittelwert von i und k
4: Falls $x > a_m$ ist, setze $i = m$, sonst $k = m$
5: Falls $i + 1 < k$ ist, fahre mit Schritt 3 fort
6: Falls $x = a_k$ ist, gib Position k an
7: Stoppe

Hinweis: Notwendige Voraussetzung für das einwandfreie Funktionieren der obigen Version des Algorithmus 3.1 ist, dass die Anzahl der Listenelemente $n = 2^q$ mit $q \in \mathbf{N}$ ist, n sich also fortgesetzt (q-mal) halbieren lässt. Von dieser Einschränkung werden wir uns dann anschließend in der 2.Version von Algorithmus 3.1 befreien.

Test 3.1 (1) Suchen eines Elementes in einer geordneten Liste

Für $n = 2^4 = 16$ mit M = (A, C, D, F, G, K, L, M, N, P, Q, R, S, T, U, V) und x = L

Nr.	Schritt	i	k	m	$x > a_m$	$i + 1 < k$	$x = a_k$	n	x
1	1							16	L
2	2	0	16						
3	3			8					
4/5	4/5		8		L > M	ja			
6	3			4					
7/8	4/5	4			L > F	ja			
9	3			6					
10/11	4/5	6			L > K	ja			
12	3			7					
13/14	4/5		7		L > L	nein			
15	6						ja		

Ergebnis: Das Element x = L befindet sich in der Liste auf der Position k = 7.

Anmerkung: Man sieht, dass Lücken in der Liste M auf die Funktionsfähigkeit des Algorithmus keinerlei Einfluss haben. Wesentlich ist, dass $x = a_k$ in Schritt 6 geprüft wird. Hätten wir im Beispiel nämlich x = E gewählt, so hätten wir als Ergebnis k = 4 erhalten, obwohl auf der Position 4 das Element F steht. Dass mit diesem Ergebnis etwas anzufangen ist, sehen wir später bei Algorithmus 3.2.

Die Leistungsfähigkeit von Algorithmus 3.1 (1) erkennt man an folgenden Beispielen:

Mit 10 Abfragen der Art $x > a_m$ kann man ein Element aus 1024 Objekten herausfinden, also aus einem Buch mit 1000 Seiten jede beliebige Seite. Mit 20 Abfragen ist man schon bei $2^{20} = 1.048.576$ Objekten. Mit 27 Halbierungen könnte aus einer Liste aller Bundesbürger/innen jede einzelne Person herausgefunden werden ($2^{27} > 80 \cdot 10^6 > 2^{26}$).

Es sei nochmals daran erinnert, dass die Liste M für dieses (optimale) Vorgehen nach Voraussetzung geordnet, also vollständig sortiert sein muss. Das schnelle Suchen mittels der fortgesetzten Halbierung ist also nur möglich, wenn vorher der Aufwand für die Sortierung der betreffenden Liste geleistet wurde (siehe 3.2 Sortiervorgänge).

Da Suchvorgänge im praktischen Leben ständig vorkommen und in der Summation der einzelnen Suchzeiten auch viel Zeit einsparen oder vergeuden können, lohnt es sich durchaus, über geeignete Such- und Ordnungsstrategien nachzudenken. Dabei besteht der große Vorteil der elektronischen Speicherung und Verarbeitung darin, dass sich die aktuellen Ordnungskriterien für das gleiche Datenmaterial auch später leicht verändern lassen.

Aufgabe 3.1

Untersuchen Sie den Algorithmus 3.1 (1) für den Fall, dass ein gesuchtes Element in der Liste *doppelt* oder *mehrfach* auftritt.

3.1.1 Suchen eines Elementes in einer geordneten Liste (Teil 2)

Die bisherige Einschränkung $n = 2^q$ für die Länge der Liste M soll nun entfallen. Was kann man nun tun, wenn die bisherige Voraussetzung $n = 2^q$ nicht mehr erfüllt ist?

1. Möglichkeit: Wir erweitern eine gegebene Liste M mit $|M| < 2^q$ zu einer Liste M^* mit $|M^*| = n^* = 2^q$. Um die Ordnung auf n^* zu erweitern, muss mit einem Element b erweitert werden, so dass $a_n < b$ für alle n gilt. Der Nachteil ist, dass sich die Menge M dabei fast verdoppeln kann ($n = 1025 \Rightarrow q = 11 \Rightarrow n^* = 2^{11} = 2048$).

2. Möglichkeit: Wir bleiben bei der Liste M mit $n \neq 2^q$. Dann führt die fortgesetzte Halbierung von n sicher beim Ablauf nicht nur auf natürliche Zahlen. Jede dieser Zahlen liegt aber zwischen zwei benachbarten natürlichen Zahlen. Um in Schritt 4 die Abfrage ($x > a_m$) aufrechtzuerhalten, liegt es nahe, zu einer dieser beiden natürlichen Zahlen als Wert von m überzugehen.

Um bei der „Halbierung" der Liste zu einem *ganzzahligen* „Mittelwert" zu kommen, setzen wir

3^*: Setze $m = [(i + k) / 2]$,

wobei [x] wieder die größte ganze Zahl kleiner gleich x ist. Führt nun diese Änderung zu einem korrekten Ergebnis? Dazu überlegen wir, dass es für alle natürlichen Zahlen n (mindestens) eine natürliche Zahl $q \geq 0$ gibt, so dass:

$$2^q \leq n < 2^{q+1} \quad \text{mit } q \in \mathbf{N_0}.$$

Halbieren wir die Liste im Sinne von Anweisung 3^*, so gilt:

$$2^{q-1} \leq \frac{n}{2} < 2^q \Rightarrow 2^{q-1} \leq \left[\frac{n}{2}\right] < 2^q.$$

Da die Zahl m aus 3* von den halbierten Grenzen stets eingeschlossen wird, erreichen wir nach höchstens q + 1 Schritten wieder die Abbruchbedingung in Schritt 5.

In der allgemeinsten Version 2 des Algorithmus 3.1 liegt es nun nahe, für den Fall, dass das Element x überhaupt nicht in der Liste existiert, eine dementsprechende Meldung auszugeben:

Algorithmus 3.1 (2) Suchen eines Elementes in einer geordneten Liste

1: Notiere n, Liste a_1 bis a_n und Element x

2: Setze i = 0 und k = n

3: Setze $m = [(i + k) / 2]$ (Gauß-Klammer)

4: Falls $x > a_m$ ist, setze i = m, sonst k = m

5: Falls $i + 1 < k$ ist, fahre mit Schritt 3 fort

6: Falls $x = a_k$ ist, gib Position k an

7: Falls $x \neq a_k$ ist, gib an: x „liegt nicht in der Liste"

8: Stoppe

Test 3.1 (2) Suchen eines Elementes x in einer geordneten Liste

Wir testen die geänderte Version für n = 5 mit M = (4, 7, 8, 10, 100) und x = 10

Nr.	Schritt	x	i	k	(i + k) / 2	m	$x > a_m$	$i + 1 < k$	$x = a_k$
1	1	10							
2	2		0	5					
3	3				2,5	2			
4	4		2				ja		
5	5							ja	
6	3				3,5	3			
7	4		3				ja		
8	5							ja	
9	3				4	4			
10	4			4			nein		
11	5							nein	
12	6								ja
13	7								nein

Ergebnis: Das Element x = 10 befindet sich in der Liste auf der Position k = 4.

Hinweise: Ergebnis, falls das gesuchte Element x *nicht* in der Liste existiert:

a) Das gesuchte Element x liegt *vor* dem ersten Element der Liste.

Beispiel x = 1. Die Abfrage $x > a_m$ ergibt stets nein, d. h. der Wert von m wird stets auf k übertragen, solange bis k = 1 wird.

Ergebnis: Es wird die Position k = 1 ermittelt, an der das gesuchte Element stehen müsste, wenn es der sortierten Liste angehören würde.

b) Das gesuchte Element liegt *hinter* dem letzten Element der Liste.

Beispiel x = 101. Die Abfrage $x > a_m$ ergibt stets ja, d. h. der Ausgangswert n für die Position k bleibt unverändert.

Ergebnis: Mit dem Wert k = n wird *nicht* die Position n + 1 ermittelt, an der das gesuchte Element stehen müsste, wenn es zur Liste gehören würde.

c) Das gesuchte Element liegt *innerhalb* der Liste, wenn es zu der Liste gehören würde.

Beispiel x = 9. Der Verlauf entspricht dem des obigen Tests mit dem richtigen Ergebnis k = 4; lediglich die Nein-Antwort für die Schlussabfrage $x = a_k$ hält fest, dass x = 9 nicht zur Liste gehört.

Ergebnis: Das Endergebnis k = 4 wäre als Position für das Element x = 9 nur korrekt, falls 9 der Liste bereits angehören würde.

3.1.2 Einordnen eines Elementes in eine geordnete Liste

Bevor ein Programm für das Problem 3.1 Suchen eines Elementes in einer geordneten Liste formuliert wird, soll dieses Problem vorher auf den Fall verallgemeinert werden, dass ein gesuchtes Element gar *nicht* in der Liste enthalten ist und deshalb eingeordnet werden soll.

Gegeben ist eine (endliche) Liste M, deren Elemente von 1 bis n durchnummeriert sind. Für je zwei beliebige Elemente a_i und a_j soll wieder stets $a_i < a_j$ für $i < j$ gelten. Gesucht ist ein Algorithmus, der ein vorgegebenes Element x in M so einordnet, dass die obige Sortierungs-Bedingung $a_i < a_j$ für $i < j$ für $M' = M \cup \{x\}$ erhalten bleibt.

Problem 3.2 Man ordne ein vorgegebenes Objekt x in eine geordnete Liste M ein.

Algorithmus 3.1 (2) hat uns einen Anhaltspunkt für ein mögliches Verfahren geliefert. Ist bei diesem Algorithmus ein Element x vorgegeben, das sich gar nicht in der Liste M befindet, so erhielten wir aus Algorithmus 3.1 immer gerade die *Position*, an der es nach der obigen Aufgabenstellung stehen müsste, solange der „falsche“ Sonderfall $x > a_n$ abgefangen wird.

Wir können den Suchalgorithmus 3.1 (2) einfach auf diesen Fall verallgemeinern. Falls x nicht zur Liste M gehört, müssen wir nach Auffinden seiner (zukünftigen) Position durch Verschieben aller *rechts* dieser Position stehenden Elemente eine Lücke für das Element x schaffen, wenn nicht der Sonderfall $x > a_n$ vorliegt, der mit $a_{n+1} = x$ erledigt wird.

Die Verallgemeinerung von Algorithmus 3.1 (2) geben wir sogleich mit einer Änderung von Schritt 1 für beliebiges $n \in \mathbf{N}$ an als

Algorithmus 3.2 Suchen und Einordnen eines Elementes in eine geordnete Liste

1a: Notiere n, Liste a_1 bis a_n und Element x

1b: Falls $x > a_n$ ist, setze $a_{n+1} = x$ und stoppe

2: Setze $i = 0$ und $k = n$

3: Setze $m = [(i + k) / 2]$ (Gauß-Klammer)

4: Falls $x > a_m$ ist, setze $i = m$, sonst $k = m$

5: Falls $i + 1 < k$ ist, fahre mit Schritt 3 fort

6: Falls $x = a_k$ ist, gib Position k an und stoppe

7: *Verschiebe die Elemente a_k bis a_n um je einen Platz nach rechts (hinten)*

8: Falls $x \neq a_k$ ist, setze $a_k = x$ und stoppe

Schritt 7 muss ggf. noch in Einzelschritte zerlegt werden. Beim Einordnen einer Karte in ein Kartenspiel tritt dabei kein praktisches Problem auf. Bei einer Umsetzung in ein Programm ist Voraussetzung für dessen Ausführbarkeit, dass jeweils ein (leerer) Platz hinter dem letzten Element a_n der Liste zur Verfügung steht. Man muss bei diesen ganz allgemeinen Überlegungen davon abstrahieren, dass man die Liste optisch vor sich hat.

Test 3.2 Suchen und Einordnen eines Elementes in eine geordnete Liste

Für n = 2 mit M = (2, 4) und x = 3

Schritt	x	i	k	m	$x > a_n$	$x > a_m$	$i + 1 < k$	$x = a_k$
1a	3							
1b					nein			
2		0	2					
3				1				
4		1				ja		
5							nein	
6								nein
7..								

Ergebnis: Das Element x = 3 wird korrekt an der Position k = 2 eingeordnet.

Für n = 2 mit M = (2, 4) und x = 1

Schritt	x	i	k	m	$x > a_n$	$x > a_m$	$i + 1 < k$	$x = a_k$
1a	1							
1b					nein			
2		0	2					
3				1				
4			1			nein		
5							nein	
6								nein
7..								

Ergebnis: Das Element x = 1 wird korrekt an der Position k = 1 eingeordnet.

Anmerkung zu Test 3.2: Würde im Falle x = 5 der Schritt 1b *nicht* existieren, so erhielte man das fehlerhafte Ergebnis $M^* = (2, 5, 4)$. Man kann aber den Sonderfall auch später noch „abfangen“, wie es dann im Programm 3.2 geschehen wird.

Mit Algorithmus 3.2 zum Suchen und Einordnen haben wir bereits ein Verfahren, das die *Sortierung* einer Liste leisten kann. Man geht dabei so vor, wie bei der Sortierung von Spielkarten: Man nimmt eine erste Karte in die (linke) Hand, dann hebt man mit der anderen Hand eine weitere Karte auf und steckt diese je nach ihrem „Wert“ links oder rechts neben die erste Karte.

Alle weiteren Karten werden dann einzeln eingeordnet, wobei man die einzuordnende Karte an der Reihe der sortierten Karten solange vorbeiführt, bis die „passende“ Stelle gefunden ist und die Karte dort eingeschoben wird.

Programm 3.2 Einordnen einer Zahl in eine geordnete Liste

```
Sub Einordnen()
Dim a(100) : n = [E2] : Rem Feld a()der Länge 100 vereinbaren und n übertragen
For i = 1 To n : a(i) = Cells(4, i) : Next i : Rem Elemente der Liste übertragen
x = [J2] : Rem einzuordnendes Element übertragen
i = 0 : k = n : Rem Startwerte setzen
While i + 1 < k
    m = Int((i + k) / 2) : Rem Gauß-Klammer
    If x > a(m) Then i = m Else k = m
Wend
If x = a(k) Then [B5] = "steht bereits auf der Position" + Str$(k)
Else
If x > a(n) Then k = n + 1
  [B5] = "wurde eingeordnet auf der Position" + Str$(k)
  For i = n To k Step -1
     Cells(4, i + 1) = a(i)
  Next i
  Cells(4, k) = x : Rem Element an Position k einfügen
  [E2] = n + 1 : Rem Anzahl n der Elemente um 1 erhöhen
End If
End Sub
```

	A	B	C	D	E	F	G	H	I	J	K
1	Test 3.2		Einordnen einer Zahl in eine geordnete Liste								
2		Wie viele Elemente?			*3*		Einzuordnen ist?			3	
3		Gib die sortierten Zahlen der Reihe nach in Zeile 4 ein!								**Klicke!**	
4	2	3	4								
5	3	wurde eingeordnet auf der Position 2									

Die Anzahl 2 in Zelle E2 wurde in *3* geändert! Nach erneutem Mausklick ergibt sich

	A	B	C	D	E	F	G	H	I	J	K
2		Wie viele Elemente?			3		Einzuordnen ist?			3	
3		Gib die sortierten Zahlen der Reihe nach in Zeile 4 ein!								**Klicke!**	
4	2	3	4								
5	3	steht bereits auf der Position 2									

Programmhinweise 3.2 Einordnen eines Elementes in eine geordnete Liste

Neu gegenüber den bisherigen Programmen ist die Verwendung eines Datentyps Feld (array), hier z.B. in der Schreibweise a(i), als *Name*(Index). Man kann sich ein solches Feld wie eine (unterschiedlich lange) Häuserzeile mit einem Straßennamen und einer fortlaufenden Hausnummer vorstellen.

Mit Dim a(100) wird ein Feld der Länge (Dimension) 100, d.h. a(1), a(2),..., a(100), vereinbart, wobei 100 durch jede (feste) positive Obergrenze ersetzt werden darf. Leider lässt *Visual*-BASIC keine variable (n abhängige) Dimensions-Anweisung zu.

Die aktuelle Anzahl n wird aus der Zelle E2 übertragen und in der For-Next-Schleife werden die n einzelnen Elemente der geordneten Liste M der Reihe nach übertragen und an der jeweiligen Feldposition a(i) abgelegt.

Nachdem die Startwerte i = 0 und k = n gesetzt sind, kann die „Halbierung“ der Liste in der Form des Feldes a(1) bis a(n) in einer While-Wend-Schleife erfolgen. Im Falle, dass der aktuelle Wert der Summe i + k durch 2 teilbar ist (Rest = 0), wird das Feld für den Suchprozess genau „halbiert“, anderenfalls stellt die Int-Funktion den linken Rand-Index der rechten Teilliste bzw. den rechten Rand-Index der dann (um ein Element kleineren) linken Teilliste bereit.

Der (formale) Sonderfall n = 1 (Liste mit einzelnem Element) wird vom angegebenen Programm 3.2 korrekt behandelt: Da sofort i + 1 = 0 + 1 = 1 = k = n ist, wird dann die While-Wend-Schleife umgangen. Die Schlussabfrage x = a(1)? führt zum richtigen Ergebnis, sowohl wenn das gesuchte Element x das einzige Element a(1) ist oder nicht.

Hier tritt die If-Then-Else-Alternative in komplexerer Form auf. Die allgemeine Struktur der Alternative in *Visual*-BASIC lautet:

```
If {Bedingung} Then
        {Anweisung 1} : ... : {Anweisung n} : Rem falls Bedingung wahr
Else : {Anweisung a } : ... : {Anweisung x} : Rem falls Bedingung falsch
End If : Rem Ende der If-Then-Abfrage
```

Die zwei alternativen Anweisungszeilen können in weitere Zeilen aufgebrochen werden oder auch nur (je) aus einer einzigen Anweisung bestehen.

Behandlung des Sonderfalles x > a(n)

Anders als beim nur verbalen Algorithmus 3.2 wird der unangenehme Sonderfall eines Elementes x, das als neues, aber letztes Element a(n+1) einzuordnen ist, nicht vorher abgefangen, was auch mit einer If x > a(n) Then-Bedingung durchaus möglich wäre.

Man kann sich davon überzeugen, dass die Anweisung

```
If x > a(n) Then k = n + 1
```

zusammen mit dem unnötigen Durchlauf der darauffolgenden For-Next-Anweisung und der Zuweisung Let a(k) = x wegen k = n + 1 den Sonderfall korrekt erledigen würde.

3.1.3 Zweidimensionales Suchen (Kobold)

Eine Variante des Suchens, die über die bisherige Struktur einer Liste hinausgeht, ist das Suchen in einem (quadratischen) Feld, das hier in Spielform behandelt wird:

Problem 3.3 In einem (10 x 10) - Punktgitter soll ein Punkt zufällig ausgewählt werden (Versteck des Kobolds). Nach Angabe eines Fangquadrats durch dessen Mittelpunkt (x, y) und die Kantenlänge k soll ermittelt werden, ob der gesuchte Punkt (Kobold) in dem Fangquadrat (mit Rand) oder außerhalb liegt.

Algorithmus 3.3 Zweidimensionales Suchen (Kobold)

Auf eine verbale Version des Algorithmus 3.3 verzichten wir und kommen gleich zu

Programm 3.3 Zweidimensionales Suchen (Kobold)

```
Sub Kobold()
a = [A9] : b = [B9] : Rem Übernahme der Zufallswerte aus der EXCEL-Tabelle
x = [A4] : y = [B4] : k = [C4] : Rem Eingabe der Werte für Fangquadrat
[B5] = Gitter(x, y, k) : Rem Gitter mit Fangausschnitt zeigen
Let [C6] = [C6] + 1 : Rem Anzahl der Versuche in Zelle C6 um 1 erhöhen
Rem Wo ist der Kobold?
If 2 * Abs(x - a) > k Or 2 * Abs(y - b) > k Then
     [B5] = "Der Kobold ist außerhalb deines Quadrats!"
Else : [B5] = "Der Kobold ist unter deinem Quadrat!"
End If
If Abs(x - a) + Abs(y - b) = 0 And k < 1 Then [B5] = "Du hast ihn gefangen!"
End If
End Sub
```

```
Function Gitter(x, y, k)
For i = 0 To 9
    For j = 0 To 9
        G$ = "" : Rem Löschzeichen setzen
        If 2 * Abs(x - j) > k Or 2 * Abs(y - i) > k Then G$ = " * "
        Cells(13 - i, 5 + j) = G$
    Next j
Next i
Gitter = ""
End Function
```

Test 3.3 Koboldsuche

Du sollst den Kobold suchen. Er hat sich hinter einem von 100 Punkten verborgen. Fang ihn!

```
Y
9  *  *  *  *  *  *  *  *  *  *
8  *  *  *  *  *  *  *  *  *  *
7  *  *           *  *  *  *  *
6  *  *           *  *  *  *  *
5  *  *           *  *  *  *  *
4  *  *  *  *  *  *  *  *  *  *
3  *  *  *  *  *  *  *  *  *  *
2  *  *  *  *  *  *  *  *  *  *
1  *  *  *  *  *  *  *  *  *  *
0  *  *  *  *  *  *  *  *  *  *
   0  1  2  3  4  5  6  7  8  9  X
```

Hinweise zum Suchen: Als jeweiliges „Fangnetz“ wird der Mittelpunkt (x, y) und die Länge k des Quadrats als Zahl in die EXCEL-Tabelle eingegeben.
Ergebnis: Ausschnitt des Fangnetzes aus dem Gitter.
Ziel: Angabe des Verstecks als Zahlenpaar mit k < 1 (Quadrat der Länge < 1)

x?	y?	k?
3	6	3
Der Kobold ist außerhalb deines Quadrats!		

x?	y?	k?
2,5	2,5	6
Der Kobold ist unter deinem Quadrat!		

x?	y?	k?
0	3	1
Du hast ihn gefangen!		
Anzahl der Versuche: 3		

Das geheime Versteck des Kobolds wird in den Zellen A9 und B9 in der Tabelle direkt durch 2 Zufallszahlen gesetzt.

Für ein erneutes Versteck muss die Anzahl der Versuche in der Zelle C6 vor einem Neustart manuell auf Null gesetzt werden.

Erläuterung der Fangbedingung

Die folgende Abfrage prüft, ob sich der Kobold unter dem Quadrat befindet

```
If 2 * Abs(x - a) > k  Or 2 * Abs(y - b) > k  Then Ergebnis verbal angeben
```

Da a und b die cartesischen Koordinaten des Koboldverstecks sind, ist der Kobold genau dann *außerhalb* des Quadrats mit dem Mittelpunkt (x, y), wenn sein Abstand in der x-Richtung oder der Abstand in y-Richtung als Absolutbetrag der Koordinatendifferenz größer als die Hälfte der Kantenlänge k ist, sonst ist er innerhalb des Quadrats.

Aufgabe 3.2

Man überlege sich, dass es eine Strategie gibt, mit der man mit dem Programm 3.3 den Kobold immer mit sieben Quadratangaben *sicher* fangen kann.

3.1.4 Damen-Problem

Als algorithmisches Problem lässt sich die Suche nach einer zulässigen Aufstellung von Damen als Spielfiguren auf einem Schachbrett auffassen. Zulässig heißt die Aufstellung dann, wenn keine der Damen eine andere Dame „bedroht". Bedroht wird eine Dame genau dann, wenn *diagonal, horizontal* oder *vertikal* eine weitere Dame auf dem Schachbrett platziert ist. Damit lässt sich formulieren:

Problem 3.4 Finde (alle) Stellungen von n Damen auf einem „Schachbrett" mit n Reihen und n Spalten, bei der keine Dame bedroht wird (zulässige Stellung).

Für ein normales Schachbrett (n = 8) hat Carl Friedrich Gauß (1777-1855) nur 72 der insgesamt 92 Lösungen gefunden. Die noch fehlenden Lösungen wurden 1850 von dem Zahnarzt Nauck angegeben. Für n = 2 und 3 gibt es offenbar keine Lösung. Die beiden Lösungen für n = 4 sind auf der gegenüberliegenden Seite angegeben.

Man überlege sich, dass für *jede* zulässige Stellung genau eine Dame in *jeder* Reihe und in *jeder* Spalte des Brettes aufgestellt werden muss.

Das im Folgenden verwendete Suchverfahren heißt Backtracking (rückspuren), weil die Stellung solange *vorwärts* aufgebaut wird, bis es nicht mehr weitergeht. Dann wird *rückwärts* die letzte unbedrohte Dame so weit wie möglich weitergeführt, ggf. dann nochmals eine Reihe zurückgegangen, bis alle Stellungen gefunden sind. Das leistet

Algorithmus 3.4 Damen-Problem

1: Notiere die Anzahl n der Damen

2: Setze den Reihenzähler i auf 1 und eine Dame auf Platz 1 der Reihe 1

3: Wiederhole folgende Schritte solange, bis der Reihenzähler i = 0 wird:

a: Solange die Dame in Reihe i *bedroht* ist und rechts noch ein Platz frei ist, rücke die Dame um einen Platz nach rechts

b: Wenn die Dame in Reihe i nicht bedroht ist, setze eine (neue) Dame ganz links in die nächste Reihe und erhöhe den Reihenzähler i um 1

c: Wenn in der Reihe i keine *unbedrohte* Dame platziert werden kann, dann gehe eine Reihe zurück und setze die (unbedrohte) Dame um einen Platz (Spalte) nach rechts (Backtracking)

d: Sobald eine unbedrohte Dame in Reihe n platziert ist, gib Lösung an

Das im Algorithmus 3.4 formulierte Backtracking-Verfahren gehört zur Gruppe der Trial and Error-Verfahren (Verfahren mit Versuch und Irrtum). Es werden hier nicht *alle* möglichen Stellungen systematisch erzeugt. Vielmehr wird der Aufbau einer Stellung abgebrochen, wenn von der erreichten Teilstellung aus keine Lösung mehr möglich ist.

Anschließend wird die letzte unbedrohte Dame um eine Position nach rechts gerückt, wenn das Ende der Reihe noch nicht erreicht ist. Sonst wird sie entfernt und mit der Dame in der vorhergehenden Reihe fortgefahren, bis die Dame der ersten Reihe ganz rechts steht und dafür eine weitere Lösung nicht gefunden werden kann.

Test 3.4 Damen-Problem für n = 4 (bis zur ersten der beiden Lösungen)

Nr.	Schritt	Reihe i	Spalte	bedroht?	i > 4
2	2	1	1	nein	nein
3/4	b a	2	1 → 2	ja	
5	a	2	2 → 3	nein	
6-9	b a a a	3	1 → 4	ja	
10	c	2	3 → 4	nein	
11	b	3	1	ja	
12	a	3	1 → 2	nein	
13-16	b a a a	4	1 → 4	ja	
17	c	3	3 → 4	ja	
18	b	2	4 → 5	-	
19	c	1	2	nein	
20-22	b a a	2	1 → 3	ja	
23	a	2	3 → 4	nein	
24	b	3	1	nein	
25/26	b a	4	1 → 2	ja	
27	a	4	2 → 3	nein	
28	d	5			ja

H i n w e i s : Die beiden letzten Spalten beziehen sich stets auf die Situation n a c h dem letzten Schritt in der gleichen Zeile des Tests. In Schritt c erfolgt je ein Backtracking.

Darstellung der beiden Lösungen für 4 Damen

Erste zulässige Stellung (siehe oben)

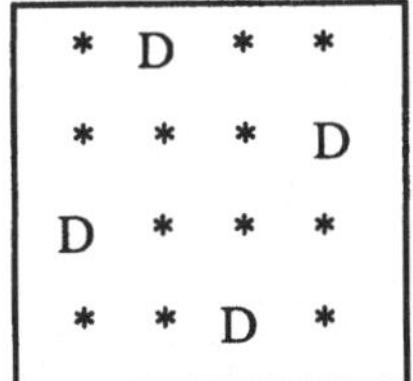

Zweite und letzte zulässige Stellung

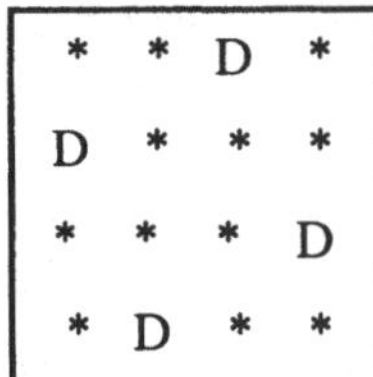

Außer dem trivialen Fall einer Dame ist der Fall n = 4 der erste Fall mit mindestens einer Lösung. Für n = 10 gibt es bereits 724 zulässige Stellungen (vgl. *Seite 109*).

Aufgabe 3.3
Überzeugen Sie sich, dass die beiden oben dargestellten Lösungen zueinander bezüglich aller *vier* Symmetrieachsen des Quadrates (achsen-)symmetrisch sind und automatisch damit auch punktsymmetrisch bezüglich des Brettmittelpunktes zueinander sind.

Programm 3.4 Damen-Problem

```
Sub Damen()
n = [B3] : Rem Anzahl n der Damen übertragen
D(1) = 1 : Rem 1. Dame in 1. Reihe auf Platz 1 setzen
i = 1 : z = 1 : Rem Startwerte setzen
Do
    While bedroht(i, D()) And D(i) <= n
        Let D(i) = D(i) + 1
    Wend
    If D(i) <= n Then
        Let i = i + 1 : D(i) = 1
    Else
        Let i = i - 1 : Let D(i) = D(i) + 1
    End If
    If i > n Then
        Call Ausgabe(z, D(), n)
        Let z = z + 1
        i = n : Let D(n) = D(n) + 1
    End If
Loop Until i = 0
End Sub
```

Sub Ausgabe(z, D(), n) *auf der gegenüberliegenden Seite*

Die Bedrohung wird in folgendem Funktions-Modul realisiert

```
Function bedroht(i, D())
b = 0 : Rem Keine Bedrohung
k = 1
While k < i And b = 0
    b = (D(i) = D(k) Or Abs(D(i) - D(k)) = i - k)
    Let k = k + 1
Wend
bedroht = b : Rem Rückgabe: Funktionswert wahr oder falsch
End Function
```

Programmhinweise 3.4 Damen-Problem

1. Simulation einer Damen-Stellung

Das Programm 3.4 realisiert die Aufstellung der n Damen auf dem fiktiven Brett von n Reihen und n Spalten (n^2 Felder) unter der genannten Bedingung, dass in jeder Reihe bzw. Spalte nur *genau eine* Dame stehen kann, wie folgt:

Die Anfangssetzung D(1) = 1 bedeutet, dass in der 1. Reihe eine Dame in der 1. Spalte platziert wird. Let D(i) = D(i) + 1 bedeutet, dass die Dame in der Reihe i um einen Platz nach rechts (in die nächste Spalte) gesetzt wird.

2. Hauptteil

Innerhalb der Gesamtschleife (Do ... Loop Until i = 0) wird durch die While-Wend-Schleife eine unbedrohte Stellung durch das Vorrücken um ein Feld innerhalb einer Reihe (solange das möglich ist) und das Rücksetzen (Backtracking) gesucht.

3. Funktion bedroht(i, D())

Diese Funktion stellt fest, ob die Dame in der Reihe i bei der aktuellen Aufstellung von den bereits vorhandenen Damen bedroht wird oder nicht. Dazu wird der Funktionswert zunächst mit b = 0 auf den Wahrheitswert falsch gesetzt (unbedroht).

Die (neue) Dame wird sicher bedroht, wenn sie in einer Spalte stehen würde, in der bereits eine der *vorherigen* Damen platziert wurde: D(i) = D(k). Eine Bedrohung in einer Diagonalen liegt genau dann vor, wenn die (positive) Reihen-Differenz i - k gleich der absoluten Spalten-Differenz Abs(D(i) - D(k)) ist. Für n = 4 bedroht die Dame D(2) = 3 sowohl die Dame D(3) = 2 wie auch D(3) = 4, da $i - k = 3 - 2 = |D(2) - D(3)| = 1$.

4. Anzahl der zulässigen Stellungen bis n = 10

n	1	2	3	4	5	6	7	8	9	10
Anzahl	1	0	0	2	10	4	40	92	352	724

5. Ausgabeprozedur Sub Ausgabe(z, D(), n)

```
Sub Ausgabe(z, D(), n)
Cells(4 + z + n * (z - 1), 1) = "Lösung:" + Str$(z)
Rem Ausgabe der z-ten Lösung in vertikaler Anordnung ab Spalte C
For x = 1 To n
    For y = 1 To n
        If D(x) = y Then G$ = " D " Else G$ = " * "
        Cells(3 + z + n * (z - 1) + x, 3 + y) = G$
    Next y
Next x
End Sub
```

3.2 Sortiervorgänge

3.2.1 Minimales Element einer Liste

Überall, wo Informationen möglichst schnell wiedergefunden werden sollen, treffen wir auf sortierte Listen (Telefonbuch, Adressbuch, Katalog, Klassenbuch, Kartei usw.). Die Sortierung geschieht in der Regel lexikographisch nach der alphabetischen Ordnung eines (allgemeinen) Lexikons bzw. des Dudens.

> **Definition 3.1** Ein Wort a heißt kleiner als ein Wort b, wenn das Wort a in einem allgemeinen Lexikon/Duden vor dem Wort b stehen würde ($a < b$).

Zur Vorbereitung der Sortierung behandeln wir zunächst als Hilfsaufgabe

> **Problem 3.5** Man gebe das minimale Element einer endlichen Liste an (Minimum von n Wörtern).

Eine Lösung von Problem 3.5 kann als Vorstufe der vollständigen Sortierung angesehen werden. Man setzt das 1. Wort einer (unsortierten) Liste als vorläufiges Minimum ein und tritt dann in eine Vergleichsschleife ein. Das vorläufige Minimum wird der Reihe nach mit dem 2. bis zum letzten Wort der Liste verglichen, wobei jedes Mal geprüft wird, ob das jeweilige Wort kleiner als das vorläufige Minimum ist. Für diesen Fall wird das vorläufige Minimum durch das kleinere Wort ersetzt.

Beispiel 3.1 M = (g, b, c, a, e, d, f). Das vorläufige Minimum wird hier nacheinander g, b und zuletzt a. Das endgültige Minimum ist dann a.

Algorithmus 3.5 Minimales Element einer Liste

Gegeben ist eine Liste M aus n Wörtern (Zeichenketten). Gesucht ist ein Algorithmus, der das Minimum der n Wörter (als „kleinstes" Element der Liste) ermittelt.

Beispiel 3.1 hat uns bereits einen intuitiven Zugang zu einem algorithmischen Vorgehen verschafft. Wir gehen davon aus, dass uns die Anzahl n gegeben ist und die n Wörter von 1 bis n durchnummeriert sind. Es wird außerdem vorausgesetzt, dass sich je zwei Zeichenketten stets alphabetisch miteinander vergleichen lassen (Lexikon/Duden). Dann ernennen wir das 1. Wort a_1 zum vorläufigen Minimum. Anschließend prüfen wir für die n - 1 Wörter $a_2,..., a_n$ der Reihe nach, ob eines kleiner als das vorläufige Minimum ist. Lautet die Antwort für das Wort a_i ja, so wird a_i als (vorläufiges) Minimum eingesetzt. Ist die Antwort nein, so wird das betreffende Wort a_i übergangen. So benötigen wir genau n - 1 Vergleiche. Dieses Verfahren formulieren wir jetzt als

Algorithmus 3.5 (1) Minimum von n Wörtern

1: Notiere n und Liste a_1 bis a_n

2: Setze i = 1 und Min = a_1

3: Solange $i < n$ ist, wiederhole Folgendes:

3a: Erhöhe i um 1

3b: Setze Min = a_i, falls a_i < Min ist

4: Gib Min an und stoppe

Test 3.5 (1) Bestimmung des Minimums für M = (g, b, c, a, e, d, f); n = 7

Nr.	Schritt	n	i	Min	a_i	i < n	a_i < Min	Min
1	1	7						
2	2		1	g				g
3	3					ja		
4/5	3a/b		2		b		ja	b
6	3					ja		
7/8	3a/b		3	b	c		nein	
9	3					ja		
10/11	3a/b		4		a		ja	a
12	3					ja		
13/14	3a/b		5	a	e		nein	
15	3					ja		
16/17	3a/b		6		d		nein	
18	3					ja		
19/20	3a/b		7		f		nein	
21	3					nein		

Erläuterungen zu Test 3.5 (1)

Für den Platzhalter Min werden zwei Spalten angegeben, weil sich dessen Wert in Schritt 3b nach der Abfrage a_i < Min ändern kann. Man beachte jedoch, dass es sich um einen Platzhalter handelt, der vor der Abfrage einen anderen aktuellen Wert als danach haben darf. Die waagrechten Linien deuten wie immer an, dass es sich um eine Schleife handelt, die in unserem Beispiel sechsmal durchlaufen wird.

Mit dem Ergebnis könnten wir uns zufrieden geben. Wir möchten aber die Überzeugung gewinnen, dass der Zähl- bzw. Nummerierungsvorgang in dem Algorithmus 3.5 (1) tatsächlich ein Hilfsvorgang ist. Wir wollen uns überlegen, ob er nicht prinzipiell vermeidbar ist. Dazu gehen wir so vor: Um festzustellen, dass das letzte Wort schon verarbeitet wurde, verabreden wir als Schlusszeichen ein Sonderzeichen (etwa *) als Erkennungszeichen. Um zu vermeiden, dass wir die Zählung durch die Hintertür wieder einführen, sollen die n Wörter vor der Verarbeitung nicht alle eingegeben werden. Vielmehr wird Wort für Wort gelesen und sogleich verarbeitet. Nachdem wir dann wissen, dass Zählungen bzw. Nummerierungen (entbehrliche) Hilfsmittel sind, werden wir sie aus Bequemlichkeitsgründen wieder verwenden.

Hinweis: Das Verfahren 3.5 lässt sich auch auf Zahlen als Listenelemente anwenden. Hier genügt es, dazu auf die gewohnte Anordnung der Zahlen zurückzugreifen, um über die Reihenfolge zweier beliebiger Zahlen in Schritt 3b entscheiden zu können. Bei einer späteren Umsetzung in ein Programm kann nur noch die einheitliche lexikographische Anordnung sowohl für Wörter wie Zahlen als Zeichenketten verwendet werden.

3.2.2 Sortieren einer Liste von n Wörtern mit der Austauschmethode

Wir verzichten auf die gewohnte Programmversion von Algorithmus 3.5 und wenden uns sogleich der eigentlichen Aufgabenstellung zu:

Problem 3.6 Man sortiere die Elemente einer endlichen Liste von n Wörtern in aufsteigender (alphabetischer) Reihenfolge.

Gegeben sind n (verschiedene) Wörter. Gesucht ist ein Algorithmus, der die n Wörter entsprechend ihrer lexikographischen Ordnung der (aufsteigenden) Größe nach sortiert. Es wird dabei zugelassen, dass die unsortierte Liste durch die sortierte Liste ersetzt, also von dieser „überschrieben" wird.

Eine erste Möglichkeit besteht darin, Algorithmus 3.5 (Minimum von n Wörtern) für die Sortierung zu benutzen. Man ermittelt im 1. Durchlauf das Minimum aller n Wörter. Dieses Element gehört sicher auf den ersten Platz der sortierten Reihe. Um es dorthin zu bringen, vertauschen wir das Element a_1 mit dem ermittelten minimalen Element (Min).

Wir wiederholen den Durchlauf mit den Elementen $a_2, \ldots, a_n$. Deren minimales Element wird als zweitkleinstes aller n Wörter durch Vertauschung mit a_2 jetzt auf den 2. Platz gebracht. Nach n - 1 Durchläufen verbleibt die Teilmenge $\{a_{n-1}, a_n\}$, deren Minimum durch einen Vergleich ermittelt und auf Platz a_{n-1} gesetzt wird. Ein weiterer (n-ter) Durchlauf ist nicht erforderlich, da das verbleibende Element gleich seinem (lokalen) Minimum ist. Eine erste Umsetzung liefert

Algorithmus 3.6 (1) Sortieren von n Wörtern mit der Austauschmethode

1: Notiere n und Liste a_1 bis a_n

2: Setze i = 1

3: *Ermittle die Position j des Minimums aus a_i bis a_n*

4: Vertausche a_i mit a_j

5: Erhöhe i um 1

6: Falls i = n ist, gib a_1 bis a_n an und stoppe, sonst fahre mit Schritt 3 fort

Hinweis: Wir suchen in Schritt 3 nicht mehr das Minimum selbst, sondern lediglich seine *Position j* in der Teilliste *a_i bis a_n*. Die Position j wird nun für die anschließende Vertauschung der Elemente a_i und a_j benutzt. Als „Eingabe" für einen Teilalgorithmus fungiert jetzt die jeweilige Anfangsposition i der Teilliste. Die „Rückgabe" an den Hauptalgorithmus für die jeweilige Teilliste erfolgt nach

Teilalgorithmus zur Realisierung von Schritt 3 des Algorithmus 3.6 (1)

3a: Setze k = i

3b: Setze j = k

3c: Erhöhe k um 1

3d: Falls k > n ist, fahre mit Schritt 4 fort

3e: Falls $a_k < a_j$ ist, fahre mit Schritt 3b, sonst mit Schritt 3c fort

Test 3.6 (1) Sortieren von M = (2, 7, 6, 1, 9, 3, 4) mit der Austauschmethode

Durchlauf	i	j	a_1	a_2	a_3	a_4	a_5	a_6	a_7
			2	7	6	1	9	3	4
1.	1	4	1	7	6	2	9	3	4
2.	2	4	1	2	6	7	9	3	4
3.	3	6	1	2	3	7	9	6	4
4.	4	7	1	2	3	4	9	6	7
5.	5	6	1	2	3	4	6	9	7
6.	6	7	1	2	3	4	6	7	9

Der ungünstige Effekt in Test 3.6 (1) besteht darin, dass zum Beispiel im 1. Durchlauf durch die Vertauschung von 1 mit 2 die Zahl 2 gegenüber der endgültigen Sortierung um zwei Plätze zu weit nach rechts gerät. Ja, sie hätte hier sogar den allerletzten Platz eingenommen, wenn dort vorher die Zahl 1 gestanden hätte. Die Sortierung geschieht also nicht gleichmäßig (keine streng monotone Annäherung an den Endzustand).

Ein Vorteil des Verfahrens liegt darin, dass wir für die sortierten Elemente dieselben Plätze beibehalten können. Wenn bereits alle n Wörter sortiert waren, ist das wenig sinnvoll. In der Praxis kommt es häufig vor, dass Sortiervorgänge bei schon teilweise sortierten Datenbeständen erforderlich werden. Auch dann tritt sicher meist eine Anzahl unnötiger Vergleiche auf.

Für die Formulierung von Algorithmus 3.6 (1) haben wir Algorithmus 3.5 (Minimum von n Wörtern) als Baustein verwendet. Dazu müssen wir ihn etwas verallgemeinern. Wir benötigen nämlich einen Algorithmus, der für jede Teilliste $a_i,\ldots, a_n$ der n Wörter die Position j von deren Minimum ermittelt.

Allerdings müssen wir dafür Sorge tragen, dass der Eingabewert i im Teilalgorithmus *nicht* verändert wird, da dieser Wert im Hauptalgorithmus weiter verwendet werden muss. Das erreichen wir dadurch, indem wir beim Eintritt in den Teilalgorithmus den aktuellen Wert des Platzhalters i einem neuen Platzhalter k zuweisen und mit diesem weiterarbeiten, so dass der Wert von i stets unverändert bleibt. Das Ergebnis beschreibt der Teilalgorithmus zur Realisierung von Schritt 3 von Algorithmus 3.6 (1).

Ermittlung der Anzahl der Vergleiche bei der Austauschmethode

1. Durchlauf:	n - 1 Vergleiche
2. Durchlauf:	n - 2 Vergleiche
i. Durchlauf:	n - i Vergleiche
(n – 1). Durchlauf:	1 Vergleich

Summieren wir die n - 1 Zahlen n - 1,..., 1 über eine Paarbildung (n - 1, 1), (n - 2, 2) bis (1, n - 1) auf, so erhalten wir jeweils die Summe n bei (n - 1) / 2 Paaren und damit als Gesamtzahl der Vergleiche bei der Sortierung von n (verschiedenen) Wörtern

$$|V_n| = n \cdot (n - 1) / 2 \qquad (3.1)$$

3.2.3 Sortieren einer Liste von n Wörtern mit der Sprudelmethode

Wir werden jetzt ein Verfahren kennen lernen, das „besser" als die Austauschmethode vorgeht. Vorher überlegen wir, wie man eigentlich feststellt, ob eine Liste von Wörtern bereits vollständig sortiert ist. Um das festzustellen, benötigt man bei n Wörtern wieder genau n - 1 Vergleiche. Zunächst vergleicht man das 1. mit dem 2. Wort. Stimmt die Reihenfolge, so vergleicht man das 2. mit dem 3. Wort usw. Ist für alle n - 1 Paare die Reihenfolge korrekt, so ist die Sortierung wegen der Transitivität der Ordnungsrelation vollständig. Das liefert uns einen Zugang zu dem neuen Verfahren.

Wir verbessern die Sortierung dadurch, dass wir der Reihe nach alle (benachbarten) Paare (a_i, a_{i+1}) vertauschen, wenn ihre Reihenfolge (im Sinne der Sortierung) falsch ist. Tritt in einem Durchlauf keine Vertauschung mehr auf, so können wir das Verfahren ganz beenden. Ein Ziel ist damit schon erreicht. Bei einer schon vorher sortierten Menge von n Wörtern bricht das Verfahren sofort nach dem 1. Durchlauf (keine Vertauschung) ab. Fraglich ist, ob im allgemeinen Falle weniger oder gar mehr Vergleiche erforderlich werden. Dazu formulieren wir das neue Verfahren und untersuchen es mit unserem vorherigen Beispiel in Test 3.6 (2).

Algorithmus 3.6 (2) Sortieren von n Wörtern mit der Sprudelmethode

1: Notiere n und Liste a_1 bis a_n

2: Setze i = 1 und senke Flagge (F = 0)

3: Falls i = n ist, fahre mit Schritt 6 fort

4: Falls $a_i > a_{i+1}$ ist, vertausche sie und hebe Flagge (F = 1)

5: Erhöhe i um 1 und fahre mit Schritt 3 fort

6: Falls Flagge erhoben ist, gib a_1 bis a_n an und stoppe,
sonst fahre mit Schritt 2 fort

Da das größte Element im 1. Durchlauf seinen endgültigen Platz erreicht hat, müssen wir es in folgenden Durchläufen gar nicht mehr berücksichtigen. Nach dem 1. Durchlauf reduziert sich die Liste somit auf n - 1 Objekte. Deren maximales Element steigt dann im 2. Durchlauf in seine endgültige Position in der reduzierten Liste auf. Fährt man so fort, so ist nach spätestens n - 1 Durchläufen nur noch a_1 zu berücksichtigen, das dann aber bereits maximales, weil einziges Element der Restliste (a_1) ist.

Wir müssen also jetzt an der Version 2 noch einige Veränderungen vornehmen, wenn wir die Anzahl der Vergleiche möglichst klein halten wollen. Im i-ten Durchlauf sind (wie in Version 1) nur n - i Vergleiche notwendig. Da wir maximal n - 1 Durchläufe benötigen, ergibt die Summation für die Anzahl der Vergleiche bei einer (modifizierten) Sprudelmethode analog zu (3.1)

$$|V^*_n| \leq n \cdot (n-1)/2 \leq |V_n| \tag{3.2}$$

Der Vorteil der Sprudelmethode ist gerade, dass die Zahl $|V_n| = n \cdot (n-1)/2$ nur eine *obere* Schranke ist, die wie der anschließende Test 3.6 (2) zeigt, nicht erreicht werden muss. Damit erweist sich die (so modifizierte) Sprudelmethode der Austauschmethode (Version 1) als überlegen.

Test 3.6 (2) Sortieren von M = (2, 7, 6, 1, 9, 3, 4) mit der Sprudelmethode

Durchlauf	a_1	a_2	a_3	a_4	a_5	a_6	a_7	F = 0
	2	7	6	1	9	3	4	
1.		6	7					
			1	7				
					3	9		
	2	6	1	7	3	4	9	nein
2.		1	6					
				3	7			
	2	1	6	3	4	7	9	nein
3.	1	2						
			3	6				
	1	2	3	4	6	7	9	nein
4.	1	2	3	4	6	7	9	ja

Statt der 6 Durchläufe in Version 1 brauchen wir hier nur vier Durchläufe. Außerdem erkennen wir unabhängig von dem speziellen Beispiel, dass das maximale Element im 1. Durchlauf in einzelnen Schritten stets seinen rechten Partner nach links verdrängt und so in seine endgültige Position gelangt. Denkt man sich die Wörter statt von links nach rechts von unten nach oben angeordnet, so ergibt sich ein Vergleich mit aufsteigenden Gasblasen in einer Flüssigkeit. Danach heißt die Version 2 auch S p r u d e l m e t h o d e (Bubblesort). Nach jedem Durchlauf wird geprüft, ob die Flagge gesenkt blieb (F = 0).

Anzahl der Vergleiche beim Sortieren

Da beim i-ten Durchgang bei beiden Verfahren n - i Vergleiche erfolgen, hatten wir die n - 1 Zahlen n - 1,..., 1 summiert und erhielten so als Gesamtzahl der Vergleiche bei der Sortierung von n (verschiedenen) Wörtern mit der Austauschmethode

$$|V_n| = n \cdot (n - 1) / 2 \qquad (3.1)$$

Für n = 1000 also $|V_{1000}|$ = 499500. Man sieht deutlich, dass die Sortierung gegenüber dem Suchen wesentlich aufwendiger ist. Wollen wir j e d e s der 1000 Elemente aus dem (sortierten) Datenbestand *nacheinander* mittels der Halbierungsmethode heraussuchen, brauchen wir wegen $2^{10} > 1000$ nur maximal 1000 · 10 Vergleiche = 10.000 Vergleiche (2% von $|V_{1000}|$).

Die Anzahl der Vergleiche $|V_n|$ ist bei der Austauschmethode keine Höchstzahl, die auch meist unterschritten werden kann, sondern die g e n a u e Anzahl der notwendigen Vergleiche. Das ist sicher ein erheblicher Nachteil dieses Verfahrens, zum Beispiel falls die jeweilige Liste schon ganz oder teilweise sortiert war. Obwohl mit n - 1 Vergleichen die totale Sortierung feststellbar wäre, läuft der Prozess stets mit der konstanten Anzahl nach (3.1) ab.

Programm 3.6 (2) Sortieren von n Wörtern mit der Sprudelmethode

```
Sub Sprudel()
Dim a$(100) : Rem Vereinbarung eines Zeichenfeldes a$() der Länge 100
n = 0
Rem Übernahme der Liste aus der Tabelle Spalte B ab Zeile 4 mit Ende = *
Do
    Let n = n + 1
    a$(n) = Cells(3 + n, 2)
Loop Until a$(n) = " * "
k = n : z = 0
Do
    k = n - 1
    F = 0 : Rem Flagge senken
    For i = 1 To k - 1
        If a$(i) > a$(i + 1) Then
            h$ = a$(i)
            a$(i) = a$(i + 1)
            a$(i + 1) = h$
            F = 1 : Rem Flagge heben
            Let z = z + 1
            End If
    Next i
Loop Until F = 0 : Rem Flagge blieb gesenkt
Rem Ausgabe des sortierten Feldes
Call Ausgabe(a$(), k)
Cells(4 + k, 4) = "mit" + Str$(z) + "Vertauschungen"
End Sub
_______________
Sub Ausgabe(a$(), n)
[D3] = "sortiert"
For i = 1 To n
    Cells(3 + i, 4) = a$(i) : Rem Ausgabe in Spalte D ab Zeile 4
Next i
End Sub
```

Test 3.6 (2) Sortieren von n Wörtern mit der Sprudelmethode

	A	B	C	D
1	Test	3.6 (2)	Sortieren mit der Sprudelmethode	
2	Gib ab Zeile 4 die unsortierte Liste ein und schließe sie mit * ab!			
3	Klicke!	unsortiert		sortiert
4		Klaus		Annegret
5		Renate		Evamarie
6		Regine		Klaus
7		Annegret		Regine
8		Evamarie		Renate
9		*		mit 7 Vertauschungen

Programmhinweise 3.6 (2) Sortieren von n Wörtern mit der Sprudelmethode

1. Übernahme der unsortierten Liste

Die unsortierte Liste wird in einer EXCEL-Tabelle in der Spalte B unterhalb der festen Beschriftung „unsortiert" eingetragen und mit einem Stern * nach dem letzten Eintrag beendet. Die Anzahl der Wörter muss also nicht vorgegeben werden. Die Elemente der Liste werden aus der Tabelle in einer Do-Loop-Until-Schleife einzeln übertragen. Nach Übernahme des Schlusszeichens * ist der Wert von n um Eins größer als die Anzahl der eingegebenen Wörter.

2. Hauptteil Sub Sprudel()

Der Hauptteil wird in einer äußeren Do-Loop-Until-Schleife in Abhängigkeit von der anfangs gesenkten Flagge (F = 0) organisiert. Solange die Flagge in einem Durchlauf gehoben werden muss (F = 1), wird in einer For-Next-Laufanweisung der paarweise Nachbarvergleich mit dem jeweils verkürzten Listenende (k) ausgeführt.

3. Vertauschung zweier Listenelemente

Da *Visual*-BASIC keinen direkten Vertauschungsbefehl besitzt, muss die Vertauschung zweier Werte mit einem Hilfsplatz (hier h$) *indirekt* ausgeführt werden: Der bisherige Wert von a$(i) wird also zunächst (als Kopie) nach h$ gebracht. Dann wird der Wert von a$(i + 1) auf a$(i) abgelegt. Damit wird aber der vorherige Wert von a$(i) gelöscht. Dieser kann jedoch von h$ endgültig nach a$(i + 1) kopiert werden.

4. Ausgabe der sortierten Liste

Die Ausgabeprozedur Sub Ausgabe(a$(), n) überträgt die Elemente der sortierten Liste a$() in die Spalte D unter der Beschriftung „sortiert" der Arbeitstabelle. So wird anders als im Algorithmus selbst die unsortierte Liste (zum optischen Vergleichen) erhalten. Unter dem letzten Element wird die Anzahl der benötigten Vertauschungen eingetragen.

Aufgabe 3.4

Überlegen Sie, wie im Programm 3.6 (2) die Anzahl der jeweils erfolgten *Vergleiche* ermittelt und wie das Ergebnis am Ende ebenfalls ausgegeben werden kann.

3.2.4 Sortieren einer Liste von n Wörtern mit Quicksort

Die zur Lösung des Problems 3.6 angegebene Sprudelmethode lässt sich bezüglich der Anzahl der erforderlichen Vergleiche und Vertauschungen noch wesentlich verbessern. Eine besonders effiziente Sortierung einer Liste liefert das Quicksort-Verfahren.

Die Grundidee ist, die vorhandene Liste schrittweise geeignet aufzuspalten. In jedem Durchgang soll ein Trennungselement (Pivotelement) mit den folgenden Eigenschaften gefunden bzw. gesetzt werden:

a) Das Pivotelement der Gesamtliste kommt bereits auf seinen endgültigen Platz.

b) Alle links vom Pivotelement stehenden Elemente sind kleiner (oder gleich), alle rechts davon stehenden Elemente sind größer als das Pivotelement.

Ergebnis sind dann jeweils zwei Teillisten, die getrennt sortiert werden können und durch ein Element getrennt werden, das sich bereits an seiner Endposition befindet.

Danach sind beide Teillisten für sich nach demselben Ansatz zu sortieren, so dass eine (rekursive) Staffelung erzeugt wird, bis nur noch Einer- oder leere Listen vorliegen.

Algorithmus 3.6 (3) Sortieren einer Liste mit Quicksort

1: Notiere die Liste a_1 bis a_n

2: *Bringe das Pivotelement der Liste an seine Endposition*

3: Sortiere jede Teilliste unter rekursiver Verwendung des Schrittes 2, solange diese mindestens 2 Elemente hat

Stillschweigend wird verlangt bzw. vorausgesetzt, dass die Liste auf den vorhandenen Plätzen sortiert werden soll. Zu einem besseren Verständnis der Rekursion untersuche man das gegenüberliegende Beispiel möglichst eingehend.

Der Schritt 2 zur Ermittlung des gesuchten Pivotelementes wird so formuliert, dass er für eine beliebige Teilliste a(x), a(x + 1),..., a(y - 1), a(y) gilt. Zur Steuerung der Laufrichtung innerhalb der Liste wird mit einer virtuellen Weiche zuerst nach links (w = 0) gestartet:

Teilalgorithmus zur Realisierung von Schritt 2 des Algorithmus 3.6 (3)

2a: Solange x < y ist, wiederhole Folgendes (Start mit Weiche nach links)

2b: Wenn a(x) > a(y) ist, vertausche a(x) und a(y) und lege Weiche um

2c: Falls Weiche nach rechts, erhöhe x um 1, sonst erniedrige y um 1

Den Teilalgorithmus wenden wir auf die Liste 2 1 4 3 1 9 6 0 4 2 mit 10 Elementen (siehe gegenüberliegende Seite) an und erhalten damit den folgenden Verlauf:

Weiche w	li	li	li	re	re	li	li	li	re	li
linker Rand x	1	1	1	2	3	3	3	3	4	5
rechter Rand y	10	9	8	8	8	7	6	5	5	5
a(x) > a(y)	n	n	j	n	j	n	n	j	j	

Legende:
li = links
re = rechts
j = ja
n = nein

Beispiel zu Algorithmus 3.6 (3) Sortieren einer Liste mit Quicksort

Die Ausgangsliste mit 10 Elementen:	2	1	4	3	1	9	6	0	4	2
Pivotaufruf 1 mit der Liste 1 bis 10										
1. Tausche Platz 1 und 8	0	1	4	3	1	9	6	2	4	2
2. Tausche Platz 3 und 8	0	1	2	3	1	9	6	4	4	2
3. Tausche Platz 3 und 5	0	1	1	3	2	9	6	4	4	2
4. Tausche Platz 4 und 5	0	1	1	2	3	9	6	4	4	2
Ergebnis nach der 1. Pivotsuche:	0	1	1	2	3	9	6	4	4	2
Pivotaufruf 2 mit der *rechten* Teilliste 5 bis 10:					3	9	6	4	4	2
5. Tausche Platz 5 und 10					2	9	6	4	4	3
6. Tausche Platz 6 und 10					2	3	6	4	4	9
Ergebnis nach der 2. Pivotsuche:	0	1	1	2	2	3	6	4	4	9
Pivotaufruf 3 mit der *rechten* Teilliste 7 bis 10:							6	4	4	9
7. Tausche Platz 7 und 9							4	4	6	9
Ergebnis nach der 3. Pivotsuche:	0	1	1	2	2	3	4	4	6	9
Ende 3. Aufruf nach rechts erreicht (1 Element)										
Pivotaufruf 4 mit *linker* Teilliste 7 bis 8:							4	4		
Ergebnis nach der 4. Pivotsuche:	0	1	1	2	2	3	4	4	6	9
Ende 4. Aufruf nach rechts und nach links erreicht										
Ende 3. Aufruf nach links erreicht										
Ende 2. Aufruf nach links erreicht										
Ende 1. Aufruf nach rechts erreicht										
Pivotaufruf 5 mit der *linken* Teilliste:	0	1	1							
Ergebnis nach der 5. Pivotsuche:	0	1	1	2	2	3	4	4	6	9
Pivotaufruf 6 mit der *rechten* Teilliste:			1							
Ergebnis nach der 6. Pivotsuche:	0	1	1	2	2	3	4	4	6	9
Ende aller restlichen (4) Aufrufe										
Ende des 1. rekursiven Aufrufs nach links erreicht										
Rückkehr ins Hauptprogramm										
Ergebnis nach 7 Vertauschungen:	0	1	1	2	2	3	4	4	6	9

Anmerkungen: Gegenüber der Sprudelmethode mit 15 Vertauschungen zeigt sich bereits bei dieser relativ kurzen Liste mit einer Halbierung der Anzahl eine deutliche Überlegenheit des Quicksort-Verfahrens. Überzeugend wird der Vorteil jedoch erst bei längeren Listen. Vergleicht man Zufalls-Listen für n = 1000, so ist das Verhältnis von z. B. 3556 zu 245146 zugunsten von Quicksort (weniger als 2 Prozent) schon beeindruckend und auch bei heute superschnellen Rechnern von praktischer Bedeutung.

Programm 3.6 (3) Sortieren einer Liste mit Quicksort

```
Sub Quicksort()
Dim Liste(100000)
n = [B3] : Randomize : Rem Länge der Liste übertragen
[D:W] = "" : [B5] = 0 : Rem Ergebnisspalten und Pivotzähler löschen
   Call Eingabe(Liste(), n) : Rem n Zufallszahlen aus 1 bis n erzeugen
   Call Pivot(Liste(), 1, n)
   Call Ausgabe(Liste(), n)
End Sub
___________________
Sub Eingabe(a(), n)
   For i = 1 To n : a(i) = Int(n * Rnd(1) + 1) : Next i
End Sub
___________________
Sub Ausgabe(a(), n)
c = 3 : k = 1 : Rem 1. Ausgabezelle in Zeile 3 positionieren
For i = 1 To n
     Cells(c, 3 + k) = a(i) : Let k = k + 1
     If k > 20 Then k = 1 : Let c = c + 1 : Rem in neue Ausgabezeile umbrechen
Next i
End Sub
___________________
Sub Pivot(a(), links, rechts)
x = links : y = rechts: w = 0
While x < y
     If a(x) > a(y) Then
         z = a(x) : a(x) = a(y) : a(y) = z : Rem Vertauschung
         If w = 1 Then w = 0 Else w = 1 : Rem Schalter
     End If
     If w = 1 Then Let x = x + 1 Else Let y = y - 1
Wend
Let [B5] = [B5] + 1 : Rem Zähler der Pivotstellen in Zelle B5 erhöhen
If x + 1 < rechts Then Call Pivot(a(), x + 1, rechts)
If links < x - 1 Then Call Pivot(a(), links, x - 1)
End Sub
```

Aufgabe 3.5
Ermitteln Sie a) die Gesamtzahl der erfolgten Vertauschungen und b) die Positionen der ermittelten Pivotstellen und geben Sie diese an.

Test 3.6 (3) Sortieren einer Liste mit Quicksort

Wie viele Elemente < 10000? 10		pivot(a(), 1, 10)
2 1 4 3 1 9 6 0 4 2	Vertauschung von	
0 1 4 3 1 9 6 2 4 2	Platz 1 und 8	
0 1 2 3 1 9 6 4 4 2	Platz 3 und 8	
0 1 1 3 2 9 6 4 4 2	Platz 3 und 5	
0 1 1 2 3 9 6 4 4 2	Platz 4 und 5	
Pivotstelle: 4		pivot(a(), 5, 10)
0 1 1 2 2 9 6 4 4 3	Platz 5 und 10	
0 1 1 2 2 3 6 4 4 9	Platz 6 und 10	
Pivotstelle: 6		pivot(a(), 7, 10)
0 1 1 2 2 3 4 4 6 9	Platz 7 und 9	
Pivotstelle: 9		Rücksprünge
Pivotstelle: 7		pivot(a(), 1, 3)
Pivotstelle: 1		pivot(a(), 2, 3)
Pivotstelle: 2		Rücksprung
0 1 1 2 2 3 4 4 6 9		Ergebnis

Programmhinweise 3.6 (3) Sortieren einer Liste mit Quicksort

1. Eingabeprozedur

Um sich die Arbeit der Einzeleingabe zu ersparen, werden bis zu 100.000 ganze Zahlen für Testversuche zufällig mittels der Random-Funktion Rnd(1) ausgewählt.

2. Rekursive Arbeitsprozedur Pivot(a(), links, rechts)

Aufgabe der Prozedur ist, aus einem zusammenhängenden Listenabschnitt a(a) bis a(e) ein Pivotelement x zu bestimmen und an seine endgültige Listenposition zu setzen. Die rekursive Struktur der Prozedur besteht darin, dass die Pivotsuche und die Platzierung mit den entstandenen Teillisten a(x + 1) bis a(e) und a(a) bis a(x - 1) fortgesetzt wird.

Die Pivotsuche erfolgt in einer While-Wend-Schleife, solange die Restliste noch mehr als ein Element enthält (x < y). Danach erfolgt der Rekursionsaufruf nach rechts:
Call Pivot(a(), x + 1, rechts) oder nach links: Call Pivot(a(), links, x - 1).

3. Ausgabeprozedur

Die Werte werden aus Liste() in 20 Spalten (D bis W) ausgegeben, um auch größere Werte von n zuzulassen.

Der Grundschritt zur Pivotsuche bzw. zur Platzierung ist der Vergleich zweier Wörter von den Enden der (Teil-)Liste beginnend. Falls die beiden Elemente „richtig“ liegen, wird die rechte Grenze y um 1 vermindert und wieder verglichen. Ist die Sortierung dagegen „falsch“, werden beide Elemente miteinander vertauscht und dann die Ablaufweiche w von 0 auf 1 oder umgekehrt umgeschaltet. Nach einer Vertauschung wird die Ablaufrichtung w (= 0 komme von rechts, = 1 komme von links) wieder umgedreht. Die (unsortierte) Ausgangsliste wird also auch hier wieder „überschrieben“.

3.2.5 Sortieren durch Mischen

Wie wir gesehen haben (Formel 3.1), benötigt die Sortierung von 1000 Wörtern im Allgemeinen fast 500.000 Vergleiche zwischen je zwei Elementen der Liste. Eine Idee wäre daher, zunächst zwei (oder mehrere) *disjunkte* Teillisten für sich zu sortieren und die sortierten Teilmengen durch einen Mischvorgang zu einer sortierten Gesamtliste zu vereinigen. Diese Idee erscheint vielversprechend, da man für die Sortierung der Hälfte der Liste nur etwa ein Viertel der vorherigen Vergleiche benötigt. Diese Fragestellung führt uns außerdem auf Problem 3.2 (Einordnen eines Elementes) zurück.

In der alltäglichen Praxis sind häufig Änderungen, Korrekturen oder Ergänzungen an Datenbeständen anzubringen. Dazu sortiert man die Änderungen und Ergänzungen zuerst und mischt sie danach in den Bestand ein. Die ursprünglichen Listen können dann zur Sicherheit erhalten bleiben. Deshalb lassen wir bei dem folgenden Problem auch Teillisten verschiedenen Umfangs zu.

Problem 3.7 Zwei (in sich) sortierte Listen A und B sollen durch einen Mischprozess zu einer sortierten neuen Gesamtliste C vereinigt werden.

Algorithmus 3.7 Sortieren durch Mischen

Gegeben ist eine Liste A mit k (aufsteigend) sortierten Elementen a_i und eine Liste B mit m (aufsteigend) sortierten Elementen b_j. Gesucht ist ein Algorithmus, der eine neue sortierte Gesamtliste C (durch Mischen) erzeugt.

Mit den drei Algorithmen zum Problem 3.6 haben wir Verfahren zur Sortierung von n Wörtern kennen gelernt. Deshalb können wir hier bereits von zwei sortierten Listen A, B ausgehen. Wir wollen kurz an das Motiv für unser Vorgehen erinnern. Um n Wörter zu sortieren, benötigten wir maximal $n \cdot (n - 1) / 2$ Vergleiche. Das ergäbe für n = 1000 also $|V^*_{1000}| \leq 499500$ Vergleiche. Sortieren wir stattdessen je eine Hälfte der n Elemente, so sparen wir bei der Sortierung zunächst mehr als die Hälfte der Vergleiche ein (n sei vorerst durch 2 teilbar, sonst wird $a_{n+1} = a_n$ gesetzt, so dass $n^* = n + 1$ durch 2 teilbar ist). Für jede der beiden gleichmächtigen Teillisten beträgt die Anzahl der Vergleiche

$$|V^*_{n/2}| \leq \frac{n}{2} \cdot \left(\frac{n}{2} - 1\right) / 2 < \frac{n}{4} \cdot (n - 1) / 2 \tag{3.3}$$

Für n = 1000 also $|V^*_{500}| \leq 124.750 < 124.875$.

Jetzt gilt es zu überlegen, wie viele Vergleiche wir beim Mischen der beiden Teillisten zur sortierten Gesamtliste brauchen.

Wir beschreiben den Mischvorgang selbst und stellen dann die Anzahl der notwendigen Vergleiche anschließend fest. Man kann sich das Verfahren leicht so vorstellen:

Die Listen a_i und b_j sind in zwei Stapeln A und B mit je n Elementen angeordnet. Die Sortierung der beiden Ausgangslisten sei aufsteigend von unten nach oben. Die beiden untersten Elemente jedes Stapels werden jeweils miteinander verglichen. Das Ergebnis des Mischvorganges wird (physikalisch) in einer neuen Liste abgelegt. Das geschieht in der Praxis schon aus Sicherheitsgründen, um den Ausgangsdatenbestand nicht zu gefährden.

Darstellung des Mischvorganges zweier geordneter Listen

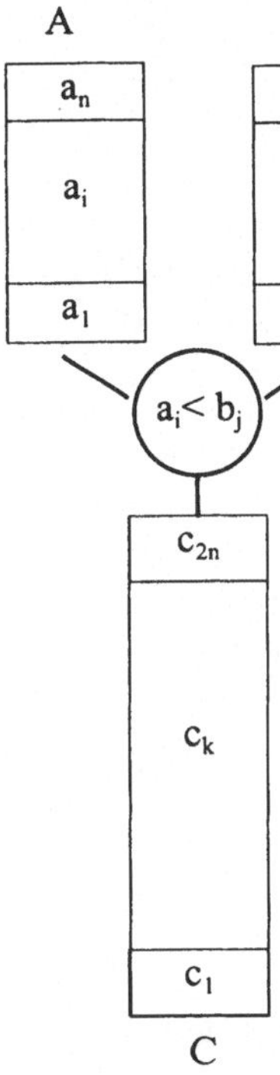

A: a_n, a_i, a_1 B: b_n, b_i, b_1

$a_i < b_j$

C: c_{2n}, c_k, c_1

A: 31.12. 03.10. 17.06. 07.03. 01.01.

B: 25.12. 13.11. 24.04. 11.04. 08.03.

$a_i < b_j$

Vergleich	Ergebnis	Ablage
01.01. < 08.03.	ja	01.01.
07.03. < 08.03.	ja	07.03.
17.06. < 08.03.	nein	08.03.
17.06. < 11.04.	nein	11.04.
17.06. < 24.04.	nein	24.04.
17.06. < 13.11.	ja	17.06.
03.10. < 13.11.	ja	03.10.
31.12. < 13.11.	nein	13.11.
31.12. < 25.12.	nein	25.12.
31.12. < 31.12.	nein	31.12.

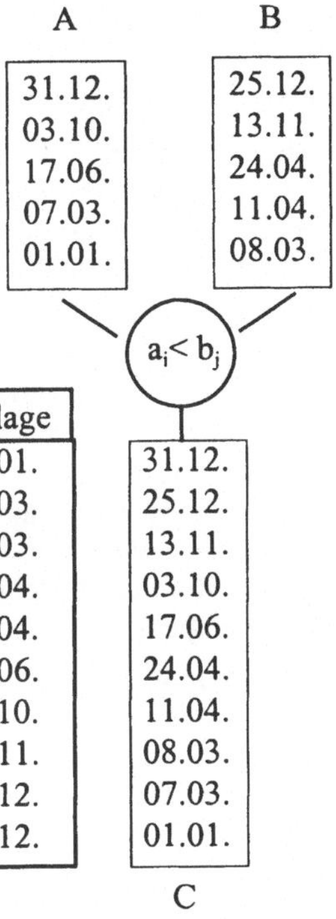

C: 31.12. 25.12. 13.11. 03.10. 17.06. 24.04. 11.04. 08.03. 07.03. 01.01.

Erläuterungen

Das kleinere der beiden Elemente a_1 oder b_1 wird auf dem Resultatstapel C abgelegt. Das nicht abgelegte Element verbleibt im Vergleich. Der freie Platz im Vergleich wird durch das nächste Element seines Stapels belegt. Um zu verhindern, dass einer der Stapel ganz geleert wird, wird vor dem 1.Vergleich das oberste (maximale) Element jedes Stapels auf den anderen Stapel gelegt, so dass $a_{n+1} = b_n$ und $b_{n+1} = a_n$ wird.

Nach genau n Vergleichen sind die n Ausgangselemente aus A und B im Stapel C in aufsteigender Sortierung abgelegt, da bei jedem Vergleich genau ein Element nach C gelangt. Im letzten Vergleich sind beide Elemente gleich, so dass auch dieses Element richtig abgelegt wird.

Die Anzahl der Vergleiche beim Mischen von zwei sortierten Listen mit n Elementen beträgt demnach n. Im Falle n = 500 für die Teillisten A und B sparen wir damit z. B. durch die Verwendung von Algorithmus 3.7 fast 50 Prozent (249051 von 499500) der Vergleiche ein. Dieser Effekt lässt sich durch eine Zerlegung in mehr als zwei Teillisten (und sukzessives Mischen) noch weiter steigern.

Aufgabe 3.6
Untersuchen Sie den obigen Mischvorgang, für den Fall, dass in den beiden sortierten Teillisten A und B zwei gleiche Elemente auftreten, und überlegen Sie eine Strategie, mit der in der Liste C nur voneinander verschiedene Elemente ankommen.

3.2.6 Türme von HANOI

Buddha soll seinem ältesten Mönch die folgende Aufgabe gestellt haben:
100 aufeinander geschichtete (goldene) Scheiben sollen von einer Seite A der Pagode auf die andere Seite C umgesetzt werden, wobei ein Hilfsplatz B vor der Pagode unter folgenden Regeln benutzt werden darf:

1. Es darf immer nur die oberste Scheibe der drei Stapel A, B oder C bewegt werden.
2. Es darf immer nur eine kleinere über einer größeren Scheibe (sortiert) liegen.
3. Jede der Scheiben muss sich immer auf einem der drei Stapel A, B oder C befinden.

Problem 3.8 Der Verlauf der Umsetzung des (geordneten) Stapels soll unter den Regeln der Türme von HANOI für n Scheiben simuliert werden.

Der beauftragte Mönch rief den zweitältesten Mönch zu sich und stellte ihm folgende Aufgabe: Staple du nach den Regeln die *oberen* 99 Scheiben auf einen Hilfsplatz B, komme dann wieder zu mir, ich werde die 100. (letzte) Scheibe auf die Seite C bringen, und du wirst die 99 Scheiben vom Platz B (mit A als dem Hilfsplatz) nach den Regeln darüber stapeln.

Offenbar lässt sich das Prinzip der Aufgabendelegation nun mit einem drittältesten Mönch mit 98 Scheiben usw. fortsetzen, bis nur noch jeweils eine Scheibe übrig ist. Es handelt sich also um eine rekursive Lösung des Ausgangsproblems mit n Scheiben mit

Algorithmus 3.8 Türme von HANOI

1: Setze n - 1 Scheiben von A nach B mit Hilfsplatz C um

2: Setze die n-te (letzte) Scheibe von A nach C um

3: Setze n - 1 Scheiben von B nach C mit Hilfsplatz A um

Programm 3.8 Türme von HANOI

```
Sub HANOI()
n = [A4] : Rem Anzahl der Scheiben aus Zelle A4 übertragen
Call setze(n, "A", "B", "C", 0)
End Sub
_______________________________
Sub setze (n, A$, B$, C$, z)
If n > 0 Then
   Call setze(n - 1, A$, C$, B$, z) : Rem Rekursiver Selbstaufruf
   Let z = z + 1 : Let k = 3 + z
   Cells(k, 2) = z : Cells(k, 3) = n : Cells(k, 4) = A$ : Cells(k, 5) = C$
   Call setze(n - 1, B$, A$, C$, z)
End If
End Sub
```

Türme von HANOI für vier Scheiben (schematisch)

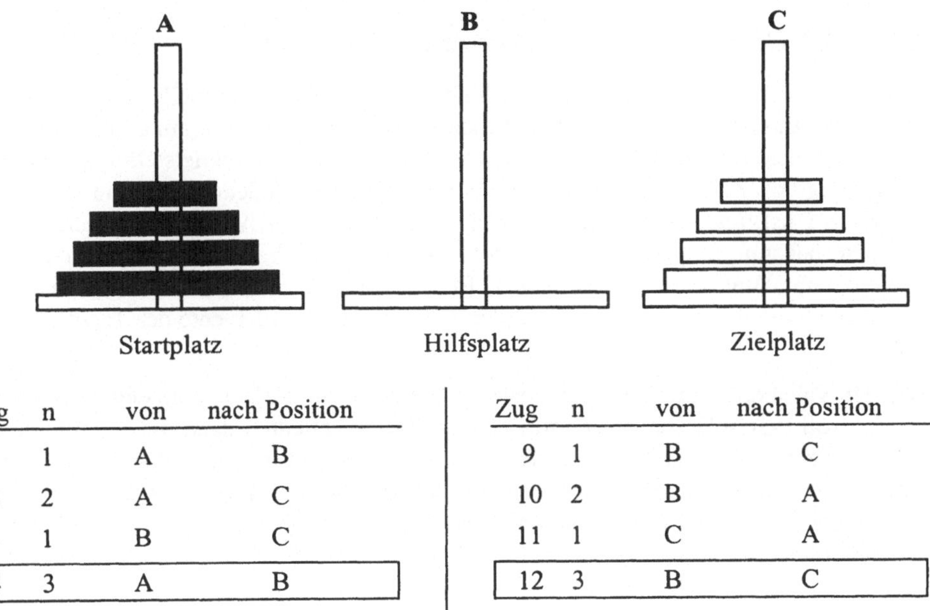

Zug	n	von	nach Position
1	1	A	B
2	2	A	C
3	1	B	C
4	3	A	B
5	1	C	A
6	2	C	B
7	1	A	B
8	4	A	C

Zug	n	von	nach Position
9	1	B	C
10	2	B	A
11	1	C	A
12	3	B	C
13	1	A	B
14	2	A	C
15	1	B	C

Hinweis: Die Aufgabe für 4 Scheiben zerfällt in die ersten 7 Schritte zur Umsetzung der 3 oberen Scheiben nach C. Dann folgt die Umsetzung (8) der 4. Scheibe nach C und abschließend erfolgen wieder 7 Schritte zur Umsetzung der 3 Scheiben vom Stapel B zum Stapel C. Innerhalb der 7 Schritte zerfällt die Aufgabe in die Umsetzung zweier Scheiben und den (eingerahmten) Zwischenschritt 4 bzw. 12.

Programmhinweise 3.8 Türme von HANOI

1. Das Programm selbst enthält nur die Übernahme der Anzahl n der Scheiben und für die Gesamtaufgabe des Buddhas den Aufruf des rekursiven Subprogramms setze(...) als

```
Call setze(n, "A", "B", "C", 0)
```

2. Das Unterprogramm Sub setze(n, A$, B$, C$, z) zerlegt die Aufgabe für n Scheiben in die drei Teilschritte des Algorithmus 3.8: Zunächst die rekursive (n - 1)-Umsetzung von A nach B, dann der jeweilige Einzelzug als Übergabe in die Tabelle mit Zählung des Zuges und die rekursive (n - 1)-Umsetzung von B nach C. Man beachte, dass außer für die optionale Zählung z *überhaupt keine direkten* Zuweisungen an Variable erfolgen!

Aufgabe 3.7
Überlegen Sie sich, dass bei 100 Scheiben die Anzahl der Züge $z = 2^{100} - 1$ wäre!

4 Anhang: Arbeiten mit *Visual*-BASIC

4.1 EXCEL-Tabelle und Programm-Modul(e)

Das Grundprinzip besteht in einer Verbindung einer EXCEL-Tabelle mit einem oder mehreren *Visual*-Basic-Programmen (Module). Das bzw. die Programme befinden sich gewissermaßen unter dem Tabellenschema. Jede Kalkulationstabelle stellt eine vertikale Anordnung von Zeilen dar, die in Spalten aufgeteilt sind. Zeilen werden mit arabischen Ziffern 1, 2 usf. und die Spalten mit Buchstaben A, B, ... , AA, AB, ... bezeichnet. Wie von dem bekannten Spiel *Schiffe versenken* her gewohnt, bezeichnet eine Buchstaben-Zahlenkombination wie C5 genau einen Ort (der Tabelle). In dem Beispiel C5 ist das die „Kreuzung" der dritten Spalte (C) mit der 5. Zeile (5). Die Elemente der Tabelle heißen Zellen.

Bei der Tabellenkalkulation sind Zellen Platzhalter für Zahlen, mit denen gerechnet werden soll (variable Eingabewerte). Andere Zellen enthalten dann die Ergebnisse der Berechnungen. In diese Ergebnis-Zellen werden Rechenformeln und ggf. Funktionen eingetragen. Sie verknüpfen Eingabewerte der Tabelle und tragen das Ergebnis in die betreffende Zelle sichtbar ein. Auch hier liegen die Rechenformeln gewissermaßen unter der betreffenden Zelle, die dann nicht die Formel, sondern das Ergebnis anzeigt. Zellen können auch Texte enthalten, die Zahlen bzw. die Berechnungen beschreiben.

In einem Computer-Programm werden ebenfalls Eingabewerte benötigt, die von dem Programm verarbeitet werden sollen und dann als Ergebnisse wieder sichtbar gemacht werden müssen, das ist das sog. EVA-Prinzip (Eingabe-Verarbeitung-Ausgabe). Die Verarbeitung im Programm wird aber in der Regel nicht nur eine einfache Formel oder Funktion beinhalten, sondern kann jeder beliebige Algorithmus sein.

Es liegt auf der Hand, einfach das Prinzip der Verknüpfung von Werten in einer Tabelle und die Verarbeitung von Werten in einem Programm strukturell zu verbinden. Dazu muss im gewünschten Verarbeitungsprogramm (Algorithmus) noch eine Verbindung zwischen den im Programm verwendeten Variablen (Platzhaltern) und den Zellen der zugehörigen Tabelle hergestellt werden. Dann kann sich das Programm seine Eingabewerte aus bestimmten Zellen der Tabelle holen und seine Ergebnisse in anderen Zellen der Tabelle ablegen.

Das Prinzip soll jetzt an dem Einführungsbeispiel der Potenzierung $p = a^b$ vorgestellt werden. Für einen beliebigen Wert der Basis a und eine natürliche Zahl b als Exponent (wobei Null auch zugelassen wird) soll der Wert für die Potenz a^b ermittelt werden. Es kommt jetzt nicht auf einen (korrekten) Algorithmus oder eine Begründung an, sondern lediglich auf die Durchführung des Algorithmus (vgl. Programm 1.1, *Seite 14*).

Für diese Durchführung verzichten wir auch auf eine sonst eigentlich wünschenswerte Zulässigkeitsprüfung für die Werte von a oder b. Für die Darstellung des Grundprinzips ist es auch ohne Belang, dass die gesuchte Potenz bereits mittels der Potenz-Funktion ohne ein Programm in jeder Tabelle ermittelt werden kann.

Programmausschnitt von 1.1 Potenzierung $p = a^b$ (vgl. *Seite 14*).

Die Ermittlung der Potenz a^b für eine Basis a und einen Exponenten b lautet dort

```
p = 1
While b > 0  (Wiederhole Folgendes, solange der Wert von b größer 0 ist)
    Let p = p * a  (Ersetze den Wert von p durch den Wert von p * a)
    Let b = b - 1  (Ersetze den Wert von b durch b - 1)
Wend  (Ende der Wiederholungsschleife)
```

Es geht jetzt darum, die Eingabewerte für a und b aus Zellen der Tabelle zu übernehmen und nach dem Durchlaufen der obigen schrittweisen Berechnung den ermittelten Wert der Potenz p sichtbar zu machen. Wir nutzen die Möglichkeit, in Zellen der zugehörigen Tabelle zusätzlich geeignete Texte einzutragen, um etwa folgendes Ergebnis zu erzielen

Test 1.1 Potenz

	A	B	C	D	E	F	G
3	Welche Basis a?		Welcher Exponent b?				
4		a?		b?		Klicke!	
5		2	hoch	10	=	1024	

Dieses Ergebnis ergibt **Programm-Modul 1.1** Potenz zur Basis a mit Exponentem b

```
Sub Potenz()
a = [B5] : Rem Übernahme der Basis aus Zelle B5
b = [D5] : Rem Übernahme des Exponenten aus Zelle D5
Rem Potenzbildung durch sukzessive Multiplikation
p = 1 : Rem Startwert für den Fall b = 0
While b > 0
    Let p = p * a
    Let b = b - 1
Wend
[F5] = p : Rem Übergabe des Wertes der Potenz in die Zelle F5
End Sub
```

Anmerkungen

Alle erklärenden Texte in der Tabelle wurden direkt in einzelne Zellen eingetragen. Es wäre auch leicht zu bewirken, dass fehlerhafte Eingaben für b zu einer Fehlermeldung in der Tabelle über eine Abfrage im Programm führen (vgl. *Seite 14 und 56*).

Wird der „Startknopf“ Klicke! in der Tabelle angeklickt, läuft der zugeordnete obige Programm-Modul ab. Näheres zu dessen Generierung siehe Folgeseiten.

4.2 EXCEL-Tabelle mit *variabler* Ein- und Ausgabe

Die in 4.1 beschriebene Verbindung einer EXCEL-Tabelle mit einem *Visual*-BASIC-Programm über einzelne Zelleninhalte mit Programmvariablen ist für die Umsetzung der behandelten Algorithmen nicht ausreichend und soll jetzt strukturell erweitert werden.

Der direkte Bezug des Inhalts einer einzelnen Zelle der Tabelle zu einer Variablen des Programms versagt, wenn entweder bei der Eingabe eine variable Anzahl von Werten vorliegt oder die Anzahl der Ergebnisse variabel ist. Beide Fälle werden im Folgenden mit zwei einfachen Beispielen beschrieben.

Beim Algorithmus 3.1 Suchen eines Elementes in einer geordneten Liste (vgl. *S. 96*) ist die Länge n der Liste variabel (gegenüberliegende Seite). Die in Zeile 4 eingetragenen Listenelemente werden auf das Zeichenfeld a$() in Abhängigkeit von der Länge n der Liste übertragen, dessen Wert aus der Zelle E2 übernommen wurde. Die Zellen in der Tabelle werden mittels der Laufvariablen i für die variable Spalte durch die Anweisung

```
a$(i) = Cells(4, i) : Rem Übernahme auf die Position i des Feldes a$()
```

einzeln in die Position i des Zeichenfeldes übernommen.

Im Algorithmus 3.6 Sortieren einer Liste mit der Sprudelmethode (vgl. *S. 116*) geht es umgekehrt darum, die Ergebnisse als sortierte Liste der (variablen) Länge n aus einem Feld a$() des Programms in die Spalte einer Tabelle zu übertragen. Im Teilprogramm Sub Ausgabe(a$(), n) der nächsten Seite wird die Überschrift „sortiert“ in die feste Zelle D3 eingetragen. Die Feldinhalte werden mit der Laufvariablen i mittels der Anweisung

```
Cells(3 + i, 4) = a$(i) : Rem Ausgabe des Feldes a$() in Spalte D ab Zeile 4
```

der Reihe nach in der 4. Spalte (D) in die (3 + i)-te Zeile übertragen. Das Ergebnis zeigt der Test 3.6 (2) wieder auf der gegenüberliegenden Seite.

Generierung eines Schaltknopfes in der Tabelle

Um ein Sub-Programm-Modul nun aus der Tabelle heraus zu starten, empfiehlt sich die Generierung einer Schaltfläche (vgl. Startfeld Klicke! in den Tests zu *Visual*-BASIC-Programmen). Das geschieht in zwei Schritten:

1. Zeichnen einer Schaltfläche in der Tabelle

Man aktiviert auf der Tabellenebene mit rechtem Mausklick in die Bildschirmmenüzeile das Fenster Formular. Dort findet man in der obersten Auswahlzeile das Symbol „Schaltfläche“ und klickt es an. Jetzt kann man an einer beliebigen Stelle der Tabelle mit der gedrückten linken Maustaste ein Rechteck aufziehen und auch formatieren.

2. Verknüpfen einer Schaltfläche mit einem Programm-Modul

Mit Rechtsmausklick in der Schaltfläche öffnet sich ein Bearbeitungsfenster. Man wählt die Option *Makro zuweisen* ... mit Linksmausklick aus, worauf sich das Fenster Makro zuweisen öffnet. Jetzt wählt man das Modul aus, das man der Schaltfläche zuordnen will und fertig. Beim Anklicken der Schaltfläche wird das Sub-Programm gestartet.

Beispiele für variable Ein- und Ausgaben

	A	B	C	D	E	F	G	H	I	J
1	Test	3.1	Suchen eines Elementes in einer geordneten Liste							
2	Wie viele Elemente?				8	Gesucht ist?			L	
3	Gib die Liste sortiert in Zeile 4 ein!								Klicke!	
4	B	C	G	F	K	L	N	O		
5	L	steht auf der Position 6								

Programmausschnitt 3.1 Suchen eines Elementes in einer geordneten Liste

```
Sub Suchen()
Dim a$(100) : Rem Dimensionierung des alphanumerischen Datenfeldes a$()
n = [E2] : x$ = [I2] : Rem Anzahl der Elemente und gesuchtes Element übertragen
For i = 1 To n
    a$(i) = Cells(4, i) : Rem Übernahme auf die Position i des Feldes a$()
Next i
....
End Sub
```

Teilprogramm 3.6 Sortieren einer Liste mit der Sprudelmethode

```
Sub Ausgabe(a$(), n)
[D3] = "sortiert" : Rem Texteintrag in Zelle D3
For i = 1 To n
    Cells(3 + i, 4) = a$(i) : Rem Ausgabe des Feldes a$() in Spalte D ab Zeile 4
Next i
End Sub
```

	A	B	C	D
1	Test	3.6 (2) Sortieren mit der Sprudelmethode		
2	Gib ab Zeile 4 die unsortierte Liste ein und schließe sie mit * ab!			
3	Klicke!	unsortiert		sortiert
4		Klaus		Annegret
5		Renate		Evamarie
6		Regine		Klaus
7		Annegret		Regine
8		Evamarie		Renate
9		*		mit 7 Vertauschungen

Literaturhinweise

DUDEN Informatik. 3. Auflage Mannheim: Dudenverlag Bibliographisches Institut & F. A. Brockhaus 2001.

TEUBNER-TASCHENBUCH der Mathematik. Hrsg.: Zeidler, E. Begründet von Bronstein, I. N.; Semendjajew, K. A.: Stuttgart: B.G.Teubner 2. Auflage 2003.

TEUBNER-TASCHENBUCH der Mathematik, Teil II. 8. Auflage Hrsg.: Grosche, G.; Ziegler, V.; Ziegler, D.; Zeidler, E.: Stuttgart: B.G.Teubner 2003.

Von den zahlreichen Titeln zum Thema seien nur wenige herausgegriffen:

- Cormen, Th. H.; Leiserson, Ch. E.; Rivest, R. L.: Algorithmen – Eine Einführung. München: Oldenbourg 2004.
- Saake, G., Sattler, K.-U.: Datenstrukturen und Algorithmen. Stuttgart: B.G.Teubner 2003.
- Sedgewick, R.: Algorithmen. Pearson Studium 2002.
- Kerner, I. O.: Informatik. Berlin: Deutscher Verlag der Wissenschaften 1990.
- Maeder, R.: Informatik für Mathematiker und Naturwissenschaftler. Bonn: Addison-Wesley 1993.
- Menzel, K.: Elemente der Informatik. Stuttgart: B.G.Teubner 1978.
- Menzel, K.: BASIC in 100 Beispielen. 4. Auflage Stuttgart: B.G.Teubner 1984.
- Neunzert, H.; Rosenberger, B.: Oh Gott, Mathematik!? 2. Auflage Stuttgart: B.G.Teubner 1997.
- Rechenberg, P.: Was ist Informatik? München: Hanser Verlag 1991.
- Wirth, N.: Algorithmen und Datenstrukturen. 5. Auflage Stuttgart: B.G.Teubner 1998: Pascal-Version B.G.Teubner 2000.
- Ziegenbalg, J.: Algorithmen: Von Hammurapi bis Gödel. Spektrum Akademischer Verlag 1996.

Im letzten Titel findet man viele, auch englischsprachige Literaturhinweise.

Im Internet findet man aktuell bei einer Google-Suche unter den beiden Stichworten *Algorithmen Mathematik* knapp 70.000 Einträge. Man muss also das fragliche Thema stark eingrenzen.

Empfohlen wird nicht nur zu dem Thema Algorithmen auch eine gezielte Recherche in der Life-Enzyklopädie ***www.wikipedia.de***

Stichwortverzeichnis